全国高职高专"十二五"规划教材

计算机应用基础教程（Office 2010）

主　编　张　华　李　凌

副主编　刘　建　廖旺宇　严　雪

中国水利水电出版社
www.waterpub.com.cn

内 容 提 要

　　本书分为 7 章，主要内容包括：计算机基础知识、操作系统的使用、键盘与汉字录入、Office 2010 办公组件（Word、Excel、PowerPoint）的应用、Internet 的应用。内容按照全国计算机等级考试的知识点进行安排，同时针对学生职业发展的需要进行了适度扩展，根据使用层次对各软件的功能进行对比介绍。各章都指明了学习目标，给出了本章的知识概念图和基本内容，概念准确、深入浅出、通俗易懂。

　　本书可作为高等专科学校、高职院校各专业计算机基础课程的教材，也可作为全国计算机等级考试一级 MS Office 考试的培训教材，还可作为计算机初学者和各类办公人员的自学用书。

图书在版编目（CIP）数据

计算机应用基础教程：Office 2010 / 张华，李凌
主编. -- 北京：中国水利水电出版社，2013.8（2018.1 重印）
全国高职高专"十二五"规划教材
ISBN 978-7-5170-1033-3

Ⅰ．①计… Ⅱ．①张… ②李… Ⅲ．①办公自动化－
应用软件－高等职业教育－教材 Ⅳ．①TP317.1

中国版本图书馆CIP数据核字（2013）第156854号

策划编辑：寇文杰　　责任编辑：张玉玲　　加工编辑：程　蕊　　封面设计：李　佳

书　　名	全国高职高专"十二五"规划教材 计算机应用基础教程（Office 2010）
作　　者	主　编 张 华 李 凌 副主编 刘 建 廖旺宇 严 雪
出版发行	中国水利水电出版社 （北京市海淀区玉渊潭南路 1 号 D 座　100038） 网址：www.waterpub.com.cn E-mail：mchannel@263.net（万水） 　　　　sales@waterpub.com.cn 电话：（010）68367658（发行部）、82562819（万水）
经　　售	北京科水图书销售中心（零售） 电话：（010）88383994、63202643、68545874 全国各地新华书店和相关出版物销售网点
排　　版	北京万水电子信息有限公司
印　　刷	三河市铭浩彩色印装有限公司
规　　格	184mm×260mm　16 开本　13.25 印张　315 千字
版　　次	2013 年 8 月第 1 版　2018 年 1 月第 4 次印刷
印　　数	6001—7000 册
定　　价	26.00 元

前　言

　　计算机应用基础课程强调对学生信息素养的培养，保护和激励学生的学习兴趣，培养学生的创新精神和实践能力，运用计算机工具促进其他专业学习和职业学习的能力发展。本书以职业教学实际应用为基础，不讲无用内容，不讲过期内容，而是根据当前信息技术的发展方向选择 1～2 种主流、简单、实用的技术进行介绍。本书以目前应用最为广泛的 Windows 7+Office 2010 为背景和实验环境。

　　本书的基本内容虽然是以一级 MS Office 考试大纲的教学目标要求和知识模块来划分的，但在具体内容的选择上更重视基础核心理论知识体系，更关注计算机应用的普遍规则。在编写时，一方面关注技术的新进展、新思想，及时摒弃、剔除过时知识，补充一些对生活、工作、社会能产生质变的新技术或新知识；另一方面，更注重软件使用背后必须具备的概念逻辑，了解通用软件的表达逻辑，真正做到"举一反三"、"知识迁移"，培养学生将知识与技能结合的能力，将学到的知识真正应用到所从事的工作中去。

　　本书共分 7 章，主要内容包括：计算机基础知识、操作系统的使用、键盘与汉字录入、Office 2010 办公组件（Word、Excel、PowerPoint）的应用、Internet 的应用。内容按照全国计算机等级考试的知识点进行安排，同时针对学生职业发展的需要进行了适度扩展，根据使用层次对各软件的功能进行对比介绍。另外，还特别为每章绘制了知识概念图，以激发学生思维，帮助学生梳理知识。

　　本书由张华、李凌任主编，刘建、廖旺宇、严雪任副主编，其中张华编写第 2、7 章，李凌编写第 1、3 章，刘建编写第 4 章，廖旺宇编写第 5 章，严雪编写第 6 章。张华、李凌、廖旺宇对书稿进行了审订。书中部分资料和图片来源于互联网，不能在书中一一标注，敬请谅解，并对原创作者表示感谢。

　　由于编者水平有限，加之计算机和网络技术的发展日新月异，软件版本更新更为频繁，书中疏漏和不当之处在所难免，敬请广大读者批评指正。

编　者

2013 年 5 月

目　录

前言

第1章　计算机基础知识 …………… 1

1.1　什么是计算机 ………………… 1

1.1.1　计算机的基本组成 ………… 1

1.1.2　冯·诺依曼体系 …………… 2

1.1.3　计算机的发展历程和分类 … 4

1.2　计算机工作的逻辑基础 ……… 6

1.2.1　常用计数体系 ……………… 6

1.2.2　数制间的相互转换 ………… 8

1.2.3　二进制的运算 ……………… 11

1.2.4　数据的编码表示 …………… 14

1.3　计算机硬件系统 ……………… 21

1.3.1　以总线为基础的典型系统结构 …… 21

1.3.2　微型计算机数字电路 ……… 23

1.3.3　微处理器 …………………… 24

1.3.4　内存储器 …………………… 28

1.3.5　外存储器 …………………… 30

1.3.6　输入输出设备（I/O 设备） 36

1.4　计算机软件系统 ……………… 42

1.4.1　软件包中的程序和数据文件 …… 42

1.4.2　编译和解释 ………………… 43

1.4.3　操作系统 …………………… 43

1.4.4　应用软件 …………………… 47

1.4.5　软件版权与许可协议 ……… 48

1.5　计算机的性能特点与应用 …… 49

1.5.1　计算机的特点 ……………… 49

1.5.2　计算机性能指标 …………… 50

1.5.3　计算机的应用领域 ………… 51

1.6　计算机系统安全 ……………… 52

1.6.1　计算机系统的安全威胁 …… 52

1.6.2　计算机病毒 ………………… 54

1.6.3　文件系统的安全 …………… 56

1.7　计算思维 ……………………… 56

第2章　操作系统的使用 …………… 59

2.1　操作系统概述 ………………… 60

2.1.1　操作系统的基本概念 ……… 60

2.1.2　操作系统的五大功能 ……… 60

2.1.3　操作系统的分类 …………… 60

2.1.4　常见的操作系统 …………… 61

2.2　初识 Windows ………………… 61

2.2.1　启动和退出 ………………… 62

2.2.2　鼠标的使用 ………………… 63

2.3　桌面 …………………………… 63

2.4　基本图形元素的认识与操作 … 67

2.5　使用帮助 ……………………… 74

2.6　文件资源管理 ………………… 74

2.6.1　文件、文件夹与路径 ……… 74

2.6.2　文件管理工具 ……………… 77

2.6.3　文件管理操作 ……………… 82

2.7　系统设置与管理 ……………… 92

2.7.1　外观和个性化设置 ………… 94

2.7.2　音量设置 …………………… 98

2.7.3　日期和时钟设置 …………… 100

2.7.4　添加或删除程序 …………… 100

2.7.5　用户账户 …………………… 101

2.7.6　设备与驱动安装 …………… 104

2.8　使用附件程序 ………………… 108

2.8.1　记事本的使用 ……………… 108

2.8.2　画图 ………………………… 109

第3章　键盘与汉字录入 …………… 114

3.1　键盘及基本指法 ……………… 114

3.1.1　键盘的种类 ………………… 114

3.1.2　键的分布和键区功能 ……… 115

3.1.3　打字基本指法 ……………… 118

3.2　汉字输入方法 ………………… 120

3.2.1 非键盘输入法 ·················· 120
3.2.2 键盘输入法 ···················· 120
3.2.3 汉字编码输入的发展历程与现状 ··· 121
3.2.4 五笔字型汉字输入编码方案 ······ 122
3.3 中文输入法的安装和删除 ·········· 125
3.3.1 了解系统中已经安装的输入法 ······ 125
3.3.2 安装和删除输入法 ·············· 126
3.4 汉字及汉字符号的录入 ·········· 127

第4章 Microsoft Office Word ·············· 131
4.1 Word 2010 的操作界面 ············ 132
4.1.1 启动 Word 2010 ·············· 132
4.1.2 Word 选项 ···················· 134
4.1.3 退出 Word 2010 ·············· 134
4.2 文档的基本操作 ················ 134
4.2.1 创建文档 ···················· 134
4.2.2 保存文档 ···················· 136
4.2.3 打开文档 ···················· 136
4.3 文档的基本编辑方法 ············ 136
4.3.1 选定文本 ···················· 137
4.3.2 移动、复制粘贴和删除文本 ······ 137
4.3.3 查找和替换 ·················· 138
4.4 格式化文档 ···················· 138
4.4.1 字体和段落格式 ·············· 138
4.4.2 首字下沉 ···················· 139
4.4.3 拼音指南设置 ················ 139
4.4.4 分栏设置 ···················· 140
4.4.5 项目符号和编号 ·············· 141
4.4.6 边框和底纹 ·················· 142
4.4.7 页面设置 ···················· 142
4.4.8 页眉与页脚 ·················· 142
4.5 艺术字、图片、图形等对象的运用 ······ 143
4.5.1 插入艺术字 ·················· 144
4.5.2 插入图片 ···················· 144
4.5.3 插入剪贴画 ·················· 145
4.5.4 插入图形与文本框 ············ 146
4.5.5 插入 SmartArt 图形 ·········· 146
4.6 表格的应用 ···················· 147
4.6.1 创建表格 ···················· 147
4.6.2 编辑表格 ···················· 148

4.6.3 表格属性、样式及表格与文本的
相互转换 ·················· 149
4.6.4 表格中的数据处理 ············ 150
4.7 文档保护 ······················ 151
4.7.1 文档加密 ···················· 151
4.7.2 限制他人更改文档格式 ········ 152
4.8 文档打印输出 ·················· 152

第5章 Microsoft Office Excel ·············· 154
5.1 Excel 2010 工作环境 ············ 155
5.1.1 Excel 2010 的启动与工作界面 ··· 155
5.1.2 单元格、工作表与工作簿的概念··· 156
5.2 单元格及其基本操作 ············ 156
5.2.1 在单元格中输入数据 ·········· 156
5.2.2 单元格数据自动填充 ·········· 157
5.2.3 单元格的格式 ················ 158
5.2.4 单元格地址与引用 ············ 159
5.3 计算基础 ······················ 160
5.3.1 公式 ························ 160
5.3.2 运算符 ······················ 161
5.3.3 计算次序 ···················· 162
5.3.4 函数 ························ 163
5.3.5 几个常用函数的语法介绍 ······ 165
5.4 数据图表化 ···················· 167
5.4.1 图表的创建 ·················· 167
5.4.2 图表的编辑 ·················· 169
5.5 数据的简单处理与分析 ·········· 170
5.5.1 数据清单 ···················· 170
5.5.2 数据排序 ···················· 171
5.5.3 数据筛选 ···················· 172
5.5.4 分类汇总统计 ················ 173
5.5.5 数据透视表 ·················· 174

第6章 Microsoft Office PowerPoint ·········· 176
6.1 PowerPoint 2010 工作环境 ······ 176
6.1.1 PowerPoint 2010 启动与工作界面··· 176
6.1.2 常用视图方式 ················ 178
6.1.3 PowerPoint 中的几个基本概念··· 179
6.2 PowerPoint 2010 的基本操作 ······ 180
6.2.1 演示文稿的创建与保存·········· 180
6.2.2 新建、复制和移动幻灯片·········· 181

6.2.3 文本的输入与编排 …………… 182

6.2.4 对象的插入 ………………… 183

6.2.5 版式和布局 ………………… 186

6.2.6 主题与背景 ………………… 186

6.3 超链接与幻灯片切换效果 …………… 187

6.3.1 超链接 …………………… 187

6.3.2 幻灯片切换效果设置 ………… 188

6.4 动画效果 …………………………… 189

6.4.1 动画设置的基本操作步骤 ……… 189

6.4.2 动画任务窗格 ……………… 189

6.5 幻灯片的放映与打印 ……………… 191

6.5.1 播放演示文稿 ………………… 191

6.5.2 打印输出演示文稿 ……………… 192

第 7 章 Internet 的应用 ……………… 194

7.1 Internet Explorer（IE）浏览器的使用 …194

7.1.1 用 IE 打开网页 ……………… 194

7.1.2 IE 浏览器的基本操作 ………… 196

7.1.3 Internet 选项设置 …………… 200

7.2 Outlook Express 软件的使用 ………… 202

7.2.1 电子邮件 …………………… 202

7.2.2 用 Outlook Express 收发电子邮件 …203

7.3 搜索引擎 …………………………… 204

第1章 计算机基础知识

● 了解计算机的概念、特点、发展历程和应用领域。
● 掌握二进制与八进制、十进制、十六进制之间的转换方法。
● 理解计算机中字符的编码技术。
● 掌握计算机系统的组成。
● 了解计算机病毒的概念和特点。
● 了解计算机网络的基本概念。

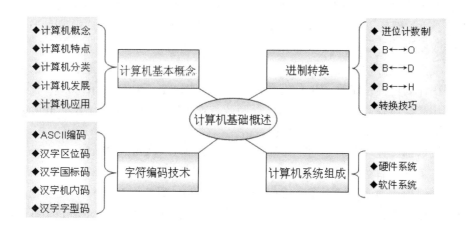

本章从"什么是计算机"开始，介绍作为科学产物和科学工具的计算机的一些基本知识，使读者对计算机有一个初步整体的概念。

1.1 什么是计算机

计算机是 20 世纪最伟大的科学技术发明之一，在今天的社会中，计算机可以说是无处不在。那么，什么是"计算机"呢？大多数人都能想象出计算机的样子，但要给出计算机一个通用的定义描述，似乎又有些难度。

1.1.1 计算机的基本组成

如图 1-1 所示以简单框图的形式表示了计算机的基本硬件组成。典型计算机硬件由五大部分组成，即运算器、控制器、存储器、输入设备、输出设备。

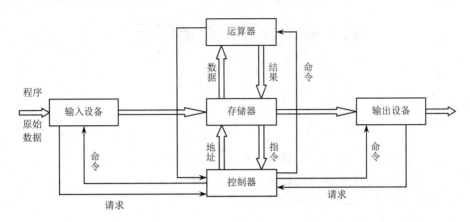

图 1-1　计算机硬件组成框图

要计算机完成某一计算或解决某一特定任务，必须事先编写好程序。它告诉计算机需要做哪些事，按什么步骤去做，并提供要处理的原始数据。

计算机的输入（Input）可以包括键入、提交和传送给计算机的任何数据。输入者可以是人、环境或另一台计算机。计算机可输入的数据类型包括文档中的字、符号，用于计算的数字、图像，来自于传感器的环境（如温度、湿度、压强等）数据，由麦克风输入的声音信号和计算机的指令等。输入设备（如键盘或鼠标）用于接收输入数据并把它转换成电信号形式以便计算机进行存储或操纵。

为了方便处理过程，计算机要把数据存储起来。大多数的计算机有不止一个存储数据的地方，到底在什么位置存储数据要由数据的使用情况来决定。内存（Memory）指的是一块计算机区域，用来暂时保存将要被处理、被存储或被输出的数据。而存储器（Storage）用来长久保存那些不会马上就需要被处理的数据。

在计算机内部，大多数的处理工作都是在中央处理器（Central Processing Unit，CPU）中完成的。CPU 有时被称为计算机的"大脑"，由控制器和运算器组成。指示计算机如何完成处理任务的指令序列称为计算机程序（Computer Program），或简称"程序"。这些程序构成了计算机完成特定任务的软件（Software）。计算机以各种方式来处理（Processing）数据，例如执行计算、把单词和数字进行分类列表、修改文件或图像、绘制图表。

输出（Output）指的是计算机产生的结果。计算机的输出包括报表、文档、音乐、图表和图像等。输出设备用于显示、打印和传输处理的结果。

1.1.2　冯·诺依曼体系

计算机采用事先编写程序、存储程序、自动连续运行程序的工作方式，是现代计算机称为 Computer（在 20 世纪 40 年代前，这一词汇的主要意思是从事计算工作的人）的重要原因。1940 年以前，用来计算的机器称为计算器或制表机，不称为计算机。20 世纪 40 年代，人们发明第一台电子计算设备时，现代含义的"计算机"才被确定下来并开始使用。对此做出重要贡献的是美籍匈牙利数学家冯·诺依曼（1903～1957）。

绝大多数人认为，1946 年 2 月 14 日，在美国宾夕法尼亚大学问世的 ENIAC（Electronic Numerical And Calculator）是第一台电子数字计算机。但 ENIAC 基本上是十进制而不是二进制的，程序和数据分开存储，程序进入和修改需要人工开关（多达 6000 个）和拨插导线来设置，如图 1-2 所示。

图 1-2 ENIAC 计算机

冯·诺依曼对 ENIAC 的设计提出过建议，1945 年 3 月他在共同讨论的基础上起草 EDVAC 设计报告初稿，概括了数字计算机的设计思想，被人们称为"冯·诺依曼思想"，对后来计算机的设计有决定性的影响。计算机设计的冯·诺依曼体系思想至今仍为电子计算机设计者们所遵循。我们将冯·诺依曼体系中仍广泛采用的要点归纳如下：

（1）采用二进制形式表示数据和指令。

二进制数字系统只有 0、1 两个数码。数据和指令程序在形式上都是 0 或 1 组成的代码序列，只是各自约定的含义不同而已。采用二进制，计算机仅用若干的 0 或 1 就能表示任何的数字，而且它们可以被很方便地转变成电信号的"开"和"关"状态，应用相对简单、可靠。

（2）采用存储程序方式。

这是冯·诺依曼体系的核心内容。计算机采用事先编写程序、存储程序、自动连续运行程序的方式，称为存储程序方式。存储程序方式是计算机高速自动运行的基础。按照指令的执行顺序依次读取指令，根据指令所包含的控制信息调用数据进行处理。在整个执行处理的过程中，始终以控制信息流为驱动工作的因素，而数据流被动地被调用处理。

（3）五大硬件组成。

运算器、控制器、存储器、输入设备、输出设备五大部件组成了计算机硬件系统，并规定了五大部件的基本功能。

运算器：是负责对数据进行各种算术和逻辑运算的部件。

控制器：对运算器及整个计算机的所有部件进行控制，是计算机指令的执行部件，其工作是取指令、解释指令及完成指令的执行。通常将运算器和控制器合起来称为中央处理器（Central Processing Unit，CPU），它是计算机的核心部件。

存储器：用于存放原始数据、各种程序、程序运行时的一些中间结果。存储器又分为内存储器（即内存）和外存储器（即外存）两种。

输入设备：用于输入原始数据、命令、程序等，将"人读"数据转化为"机读"数据，它包括键盘、光电扫描仪、光笔、鼠标器及数模转换器等。

输出设备：用于输出各种计算结果或中间过程，将"机读"数据转化为"人读"数据，它包括显示器、打印机、绘图仪、音箱等。

输入设备、输出设备及外存储器等合起来称为计算机的外部设备。

1.1.3　计算机的发展历程和分类

计算工具的演化经历了由简单到复杂、从低级到高级的不同阶段，例如从"结绳记事"中的绳结到算筹、算盘、计算尺、机械计算机等。世界上第一台电子计算机 ENIAC 于 1946 年诞生在美国宾夕法尼亚大学。这台计算机使用了 17840 只电子管，大小为 80 英尺×8 英尺，重达 28 吨，功耗为 170 千瓦，其运算速度为每秒 5000 次的加法运算。

ENIAC 的问世具有划时代的意义，表明电子计算机时代的到来。在以后的 60 多年里，计算机技术以惊人的速度发展。

1．计算机发展的 5 个阶段

（1）第 1 代计算机：电子管数字计算机（1946～1958）。

硬件方面，逻辑元件采用真空电子管，主存储器采用汞延迟线、阴极射线示波管静电存储器、磁鼓、磁芯；外存储器采用磁带。软件方面采用机器语言、汇编语言。应用领域以军事和科学计算为主。特点是体积大、功耗高、可靠性差、速度慢（一般为每秒数千次至数万次）、价格昂贵，但为以后的计算机发展奠定了基础。

（2）第 2 代计算机：晶体管数字计算机（1958～1964）。

硬件方面，逻辑元件采用晶体管，主存储器采用磁芯，外存储器采用磁盘。软件方面出现了以批处理为主的操作系统、高级语言及其编译程序。应用领域以科学计算和事务处理为主，并开始进入工业控制领域。特点是体积缩小、能耗降低、可靠性提高、运算速度提高（一般为每秒数 10 万次，可高达 300 万次）、性能比第 1 代计算机有很大的提高。

（3）第 3 代计算机：集成电路数字计算机（1964～1970）。

硬件方面，逻辑元件采用中、小规模集成电路（MSI、SSI），主存储器仍采用磁芯。软件方面出现了分时操作系统以及结构化、规模化程序设计方法。特点是速度更快（一般为每秒数百万次至数千万次），而且可靠性有了显著提高，价格进一步下降，产品走向了通用化、系列化和标准化。应用领域开始进入文字处理和图形图像处理领域。

（4）第 4 代计算机：大规模集成电路计算机（1970 年至今）。

硬件方面，逻辑元件采用大规模和超大规模集成电路（LSI 和 VLSI）。软件方面出现了数据库管理系统、网络管理系统和面向对象语言等。1971 年世界上第一台微处理器在美国硅谷诞生，开创了微型计算机的新时代。应用领域从科学计算、事务管理、过程控制逐步走向家庭。

（5）第 5 代计算机：人工智能计算机（不成熟或尚未面世）。

第 5 代计算机是人类追求的一种更接近人的人工智能计算机。它能理解人的语言以及文字和图形。人们无需编写程序，靠讲话就能对计算机下达命令，驱使它工作。新一代计算机是把信息采集存储处理、通信和人工智能结合在一起的智能计算机系统。它不仅能进行一般信息处理，而且能面向知识处理，具有形式化推理、联想、学习和解释的能力，将能帮助人类开拓未知的领域和获得新的知识。

2．计算机的分类

计算机是多用途的机器，能够完成各种类型的任务。但是计算机的类型不同，它适合做的工作类型也不同。计算机分类是一种依据计算机的用途、价格、尺寸和性能对计算机进行归类的方法。了解计算机的类别有助于更好地使用计算机。

20 世纪 40 年代至 50 年代期间，世界上的计算机很少，根本没有必要进行分类。由于这时计算机的主要电路系统通常被安装在一个壁橱大小的金属框架里，因此技术人员称这种计算机为"大型计算机（Mainframe Computer）"，这一称呼很快就成为专门供大公司和政府机构使用的体积庞大、价格昂贵的一类计算机的代名词。1968 年，小型计算机（Minicomputer）这个词开始用于描述另一类计算机。这类计算机与大型机相比体积更小、价格更低、功能更差一些。

1971 年，第一台微型计算机出现了。微型计算机（Microcomputer）同其他类型的计算机有着明显的区别，因为它的 CPU 只是由一块芯片构成，将运算器和控制器集成在一块，这块芯片叫做微处理器（Microprocessor）。此时，把计算机划分成三种不同的类别（大型计算机、小型计算机和微型计算机）就成为了可能。

此后，计算机技术不断进步。今天，无论体积大小，几乎所有的计算机都使用一块或多块微处理器作为它的 CPU。因此，微处理器不再是微型机与其他类型计算机的区别。而且"小型计算机"这个称呼不再被使用。为了反映出现代的计算机技术，下面的分类可能更适当一些：个人计算机、工作站、大型计算机、超级计算机和服务器。

（1）个人计算机（Personal Computer）。

个人计算机指的是专门针对个人计算需要而设计的一种微型计算机。它能够提供各种各样的计算功能，典型功能有：文字处理、照片编辑、收发电子邮件和登录因特网。个人计算机包括桌面计算机（Desktop Computer）和笔记本式计算机（Notebook Computer，亦称手提电脑）两种。

专为方便随身携带而设计的手持计算机，如平板电脑、PDA、智能手机等，相对于桌面计算机和笔记本计算机而言，只是一种作计算用的附件，不能成为主要的计算工具。

（2）工作站（Workstation）

"工作站"这个词有双重含义：一是指为完成特定任务而设计的功能强大的桌面计算机，它能够完成一些需要高速处理的工作，某些工作站往往不止一块微处理器；二是指连接到计算机网络上的普通个人计算机。计算机网络（computer network）指的是将两台或更多的计算机及其他设备连接起来，目的在于共享数据、程序和硬件。

工作站是主要为满足工程设计、动画制作、科学研究、软件开发、金融管理、信息服务、模拟仿真等专业领域而设计开发的高性能计算机。工作站最突出的特点是具有很强的图形交换能力，因此在图形图像领域，特别是计算机辅助设计领域得到了迅速应用。典型产品有美国 Sun 公司的 Sun 系列工作站。

（3）大型计算机（Mainframe Computer）。

大型计算机（或简称"大型机"）是一种体积庞大、价格昂贵的计算机，它能够同时为成千上万的用户处理数据。大型机常被企业或政府机构作数据的集中存储、处理和大量数据的管理之用。

（4）超级计算机（Super Computers）。

现代超级计算机的 CPU 是由数百数千甚至更多的处理器（机）构成的，是计算机中功能最强、运算速度最快、存储容量最大的一类计算机，是国家科技发展水平和综合国力的重要标志。超级计算机拥有最强的并行计算能力，主要用于科学计算。

由于速度快，超级计算机能处理相当复杂的问题，这对于其他计算机来说是不太可能的。超级计算机的典型用途有：破译密码、建立全球气候模型系统和模拟核爆炸。有一个著名的模拟仿真实验：当成千上万的灰尘颗粒被飓风吹起时，让超级计算机追踪它们的动向。

（5）服务器（Server）。

服务器（Server）在计算机工业中，既能代表计算机硬件，也能代表特定类型的软件，或者是软硬件的结合体。无论哪种情况，服务器都是以向网络上（如因特网或局域网）的计算机提供数据的方式来提供"服务"的。个人计算机、工作站或软件这些需要从服务器上获得数据的实体都叫做客户端（Client）。

几乎所有的个人计算机、工作站、大型计算机和超级计算机都能被配置成服务器。尽管如此，计算机生产厂家还是把一些计算机划分为"服务器"，因为这些计算机尤其适用于网络上数据的存储和分发。

服务器是网络的节点，存储、处理网络上80%的数据、信息，在网络中起到举足轻重的作用。它们是为客户端计算机提供各种服务的高性能的计算机，其高性能主要表现在高速的运算能力、长时间的可靠运行、强大的外部数据吞吐能力等方面。服务器主要有网络服务器（DNS、DHCP）、打印服务器、终端服务器、磁盘服务器、邮件服务器、文件服务器等。

1.2 计算机工作的逻辑基础

科学家们正在不断地借用其他学科的技术对现有计算机进行着各种改造，如研究出了量子计算机和分子计算机，但是目前所有的计算机仍然都是一种数字电子设备，它工作的逻辑基础在于信息表示的数字化：①在计算机中各种信息（如指令、数值型数据、字符、图像等）用数字代码1和0的序列表示，然后设法让计算机能够理解并加以处理；②在物理机制上，数字代码1和0以数字型信号来表示，其机理就像一个电灯开关一样简单。

数据的表示方法（Data Representation）使得字母、声音和图片转换成电信号成为可能。数字电路（Digital Electronics）使计算机能够通过操纵简单的"开"和"关"信号来执行复杂的操作。

用约定的数字代码去表示各种需要描述的信息，是从事计算机技术工作的前提。为了便捷起见，我们通常用1表示数字电路"开"状态，用0表示数字电路"关"状态。这样，序列"开""开""关""关"就可以写作1100。每一个状态的数字代码都是二进制数字（Binary Digit）1或0，这就是计算机中"位"的概念。

1.2.1 常用计数体系

计数方法有多种，在日常生活中我们最熟悉的也是国际上通用的计数方法是十进制计数法，除了十进制外，还有很多计数制，如一天24小时，称为24进制，1小时是60分钟，称为60进制，这些统称为进位计数制。

在计算机中使用的是二进制计数体系，十六进制和八进制是二进制的辅助进制。

1. 进位计数制的基本概念

任何进位计数制都有以下三个基本特点：

（1）计数的符号组。

符号是独立成形的（非组合符号），并且不会在理解上有歧义，简称数码，如十进制的0、1、2、3…9。数码个数固定为一个基本数，简称基数，如十进制的基数是10。一般数码从0开始，最大为基数减1，如十进制数码为0~9。

（2）数位和位权。

所谓数位是指数码在计数的数码串中的位置，也称位序号，以小数点为界，左边第1位、2位、3位…（高位方向）其数位依次为0、1、2…，即从0开始依次加1；右边第1位、2位、

3 位…（低位方向）其数位依次为-1、-2、-3…，即从-1 开始依次减 1。

而位权，是指数位的单位大小，为基数的数位次幂。如十进制，我们说…百分位、十分位、个位、十位、百位…

（3）进位规则和四则运算规则。

进位规则是所有规则的基础。所谓进位规则，是指作加法时，某数位超最大数码时向高一位数位进位；作减法时，同一数位被减数码小于减数码时，被减数向其高位借数作减。如十进制的"逢十进一，借一当十"。

假设用 p 来代表任意计数制的基数，用 s 表示任一正数，就可以得到任意进位计数制的任一正数的按"权"展开式：

$$S = k_{n-1}p^{n-1} + k_{n-2}p^{n-2} + \cdots + k_1 p^1 + k_0 p^0$$
$$+ k_{-1}p^{-1} + \cdots + k_{-m}p^{-m} = \sum_{i=n-1}^{-m} k_i p^i$$

其中，i 为数位，k_i 表示数位 i 上的数码，n 和 m 为正整数（最高位数位为 n-1，最低位数位为-m），n 为小数点左面的位数，m 为小数点右面的位数。p 是基数，p^i 称为数位 i 的权。

这样当 p=10 时，上式是十进制数的表达式；当 p=2 时，上式是二进制数的表达式。

从上面的分析中可知，任何一种数值都可以写成按位权展开的多项式之和。

例如在十进制计数中，555.55 表示为：

$555.55 = 5 \times 10^2 + 5 \times 10^1 + 5 \times 10^0 + 5 \times 10^{-1} + 5 \times 10^{-2}$

2．几种数制的定义

（1）十进制（Decimal System）。

- 十个数码：0、1、2、3、4、5、6、7、8、9。
- 基数（进位基数）：10。
- 位权（整数部分低四位）：个、十、百、千…。
- 进位法则：逢十进一，借一当十。
- 数值大小：数码与位权相乘求和。

例如：

$345.56 = (345.56)_{10} = 3 \times 10^2 + 4 \times 10^1 + 5 \times 10^0 + 5 \times 10^{-1} + 6 \times 10^{-2}$

书写时数字用括号括起来，再加上下标 10 或直接在数串后跟上 D。对于十进制，通常省略不写。

（2）二进制（Binary System）。

- 两个数码：0、1
- 基数（进位基数）：2。
- 位权（整数部分低四位）：1、2、4、8…。
- 进位法则：逢二进一，借一当二。
- 数值大小：数码与位权相乘求和。

例如：

$101.11 = (101.11)_2 = 1 \times 2^2 + 0 \times 2^1 + 1 \times 2^0 + 1 \times 2^{-1} + 1 \times 2^{-2}$

书写时数字用括号括起来，再加上下标 2 或直接在数串后跟上 B。

（3）八进制（Octal System）。

- 八个数码：0、1、2、3、4、5、6、7。
- 基数（进位基数）：8。
- 位权（整数部分低四位）：1、8、64、256…。
- 进位法则：逢八进一，借一当八。
- 数值大小：数码与位权相乘求和。

例如：

$741.11=(741.11)_8=7\times8^2+4\times8^1+1\times8^0+1\times8^{-1}+1\times8^{-2}$

书写时数字用括号括起来，再加上下标 8 或直接在数串后跟上 O。

（4）十六进制（Hexadecimal System）。

- 十六个数码：0、1、2、3、4、5、6、7、8、9、A、B、C、D、E、F（每个数码只能用一个独立字符表示）。
- 基数（进位基数）：16。
- 位权（整数部分低四位）：16^0、16^1、16^2、16^3…。
- 进位法则：逢十六进一，借一当十六。
- 数值大小：数码与位权相乘求和。

例如：

$B41.11=(B41.11)_{16}=11\times16^2+4\times16^1+1\times16^0+1\times16^{-1}+1\times16^{-2}$

书写时数字用括号括起来，再加上下标 16 或直接在数串后跟上 H。

1.2.2　数制间的相互转换

二进制、八进制、十六进制之间可以分段转换，比较简单。以二进制为基础，从小数点起分段，每三位对应一位八进制，或每四位对应一位十六进制。二进制、八进制、十六进制与十进制之间的转换不存在简单的分段关系，需要某种转换方法，分成整数部分和小数部分，分别进行整体转换处理。

1. 二进制、八进制、十六进制数与十进制数之间的相互转换

不论是十进制数转换为二进制、八进制、十六进制数，还是二进制、八进制、十六进制数转换为十进制数，在转换过程中有两点需要注意：

- 不要误认为一个整数和小数形式一样则转换后的形式也一样。例如$(10111)_2$是十进制数的 23，但是$(0.10111)_2$却是十进制数的 0.71875，$(19)_{10}$是二进制数的$(10011)_2$，但$(0.19)_{10}$却不是二进制数的$(0.10011)_2$。
- 十进制数不一定都能转成完全等值的二进制小数，所以有时要取近似值。不能用有限位的二进制数去表示任意一个有限位的十进制小数，这是二进制数的一个缺点。但对一般科学计算，这个缺点是可以容忍的。因为计算或多或少都具有近似计算的性质。

（1）二进制、八进制、十六进制数转换为十进制数。

使用按权相加法，即把每一位数码与其位权相乘的结果加起来，其和即为相应的十进制数。

例　求$(100.1)_2$、$(100.1)_8$、$(100.1)_{16}$的等值十进制数。

解：

$(100.1)_2=1\times2^2+0\times2^1+0\times2^0+1\times2^{-1}$

$\qquad\quad=4+0+0+0.5=4.5$

$(100.1)_8 = 1 \times 8^2 + 0 \times 8^1 + 0 \times 8^0 + 1 \times 8^{-1}$

$= 64 + 0 + 0 + 0.125 = 64.125$

$(100.1)_{16} = 1 \times 16^2 + 0 \times 16^1 + 0 \times 16^0 + 1 \times 16^{-1}$

$= 256 + 0 + 0 + 0.0625 = 256.0625$

（2）十进制数转换为二进制、八进制、十六进制数。

将十进制数转换为二进制、八进制、十六进制数，其整数部分和小数部分分别转换，然后用小数点将其连接起来。转换规则如下：

- 整数部分：除基取余，逆序排列——用除 R（基数）取余法则（规则：先余为低，后余为高）。
- 小数部分：乘基取整，顺序排列——用乘 R（基数）取整法则（规则：先整为高，后整为低）。

例 求 66.25 的等值二进制数。

解：整数部分：

$66 \div 2 = 33$ 余 0

$33 \div 2 = 16$ 余 1

$16 \div 2 = 8$ 余 0

$8 \div 2 = 4$ 余 0

$4 \div 2 = 2$ 余 0

$2 \div 2 = 1$ 余 0

$1 \div 2 = 0$ 余 1

整数部分用基数（本例为 2）多次除被转换的十进制数和其商值，直至商为 0 为止。然后将得到的余数按后产生在前先产生在后的排列方式排列出来（逆产生的顺序排列），就得到对应的进制整数。由此本例中的整数部分 66 转换为二进制数为 1000010（第一次除 2 所得余数是二进制的最低位，最后一次相除所得余数是最高位）。

小数部分：

$0.25 \times 2 = 0.50$ 0

$0.500 \times 2 = 1.000$ 1

小数部分的转换采用乘基（本例为 2）取整法。即用基数乘以被转换的十进制数的小数部分，每次相乘，将其乘积的整数部分取出，剩下的小数部分继续用基数乘，直到小数部分全为 0 为止或达到规定的位数即可。将取出的整数部分按产生的先后次序排列下来（顺序排列），即可得对应进制小数部分。由此本例的小数部分 0.25 转换为二进数为 0.01（第一次乘积所得整数部分就是对应进制数小数部分的最高位，其次为次高位，最后一次是最低位）。

那么 $(66.25)_{10} = 1000010B + 0.01B = 1000010.01B$，对于这种既有整数部分又有小数部分的十进制数转换为其他进制数，采用整数部分和小数部分分别进行转换，然后用小数点连接。

（3）"近偶加近奇减"规则，简化十进制整数向二进制的转换。

总结：① 2^0、2^1、$2^2 \cdots 2^9$、2^{10}、2^{20} 这 12 个数的十进制和二进制形式；② 2^0、2^1、$2^2 \cdots 2^9$、2^{10}、2^{20} 这十二个数加 1 的十进制和二进制形式；③ 2^1、$2^2 \cdots 2^9$、2^{10}、2^{20} 这 11 个数减 1 的十进制和二进制形式的规律，特别记住①和③中的特殊数，如 2^n 为 1 后面跟 n 个 0，$2^n - 1$ 为 n 个 1。

将①和③中的特殊数应用到十进制数向二进制数的转换中，转换过程结合二进制的加法和减法规则（与十进制相同，下一小节介绍），转换简单便捷。将待转换十进制数与①和③中的特殊数比较，其必须置于特殊数的一对相邻奇数和偶数之间，按"近偶加近奇减"的规则，按位"加"，由"0"变"1"；按位"减"，由"1"变"0"，非常方便。

例如 131 界于 128 和 255 间，显然离 128 近，则用加法，即：131=128+3，又知 128=10000000B，3=11B，两者的和为 10000011；又如 57 界于 63 和 32 间，显然离 63 近，则用减法，即：57=63-6=63-4-2，又知 63=111111B，则 57=111001B。

2. 二进制数与八进制数之间的相互转换

"三位并一位"，把二进制数整数部分自右向左和小数部分自左向右分别按每三位一组（不足三位用零补齐），用表 1-1 中对应的八进制数码写出，即为对应八进制数；"一位拆三位"，把每位八进制数码用表 1-1 中对应的三位二进制数表示，即可将八进制数转换成二进制数。

表 1-1　二进制数与八进制数码间的关系

二进制数	八进制数码	
000	0	
001	1	
010	2	
011	3	从 $2^3=8$ 可以知道，如左边所示的三位二进数的所有排列与八进制数码间的一一对应关系
100	4	
101	5	
110	6	
111	7	

例　将$(11011110.0101)_2$转换成八进制数

解：$(11011110.0101)_2$

　　$=(011)(011)(110).(010)(100)$

　　$=(336.24)_8$

例　将$(46.54)_8$转换成二进制数

解：$(46.45)_8$

　　$=(100)(110).(100)(101)$

　　$=(100110.100101)_2$

3. 二进制数与十六进制数之间的相互转换

二进制数与十六进制数的转换同二进制与八进制转换规则非常类似，只是对照表 1-2 按四位进行分组和拆成四位而已，概括为"四位并一位"和"一位拆四位"。

例　将$(1011010.10111)_2$转换为十六进制数

解：$(1011010.10111)_2$

　　$=(0101)(1010).(1011)(1000)$

　　$=(5A.B8)_{16}$

表 1-2　二进制数和十六进制数码间的关系

二进制数	十六进制数码	二进制数	十六进制数码	
0000	0	1000	8	从 $2^4=16$ 可以知道，如左所示的四位二进数的所有排列与十六进制数码间的一一对应关系
0001	1	1001	9	
0010	2	1010	10（A）	
0011	3	1011	11（B）	
0100	4	1100	12（C）	
0101	5	1101	13（D）	
0110	6	1110	14（E）	
0111	7	1111	15（F）	

例　$(A57.78)_{16}$ 转换为二进制数

解：$(A57.78)_{16}$

　　　$=(1010)(0101)(0111).(0111)(1000)$

　　　$=(101001010111.011111)_2$

注意：在把二进制数的各位并位分组时，整数部分是由低位向高位分，小数部分则由高位向低位分，最后不足三位（四位）时，在最低位上用 0 补齐。

1.2.3　二进制的运算

计算机的基本功能是进行各种运算处理，包括算术运算与逻辑运算。各种复杂的运算处理最终都可分解为四则运算和基本的逻辑运算。

1．二进制数的四则算术运算规则

任何进位计数制都可以进行四则运算，二进制的运算规则同十进制一样，不同的是它只有两个数码 0 和 1。

（1）二进制的加法运算。

二进制的加法运算是按位进行的，其运算法则有 4 条：

①0+0=0

②0+1=1

③1+0=1

④1+1=10（向高位进位）

例如，1011B+1101B（11+13=24）的算术运算如下：

```
      1011          被加数
+)    1101          加数
      111           进位
     11000
```

由此可见，各位相加时，由于考虑低位产生的进位，因此实际上都是 3 个数相加：被加数、加数和低位产生的进位数。

（2）二进制的减法运算。

二进制的减法运算是按位进行的，其运算法则有 4 条：

①1-1=0

②0-0=0

③1-0=1

④0-1=1（向高位借位）

例如，1101B-1011B（13-11=2）的算术运算如下：

```
      1101              被减数
-）    1011              减数
          1              借位
      0010
```

（3）二进制的乘法运算。

二进制的乘法运算法则有 4 条：

①0×0=0

②0×1=0

③1×0=0

④1×1=1

例如，1101B×1011B(13×11=143)的算术运算如下：

```
                1101
       ×）       1011
              1 1 0 1
            1 1 0 1
          0 0 0 0
       +）1 1 0 1
       1 0 0 0 1 1 1 1
```

在计算机中，二进制乘法运算实际上采用移位相加的方法。

（4）二进制的除法运算。

二进制的除法运算法则有 4 条：

①0÷0=0

②0÷1=0

③1÷1=1

④1÷0 无意义

例如，100100B÷101B（36 ÷5 商 7 余 1）的算术运算如下：

```
          1 1 1            商
  101 / 100100
          101
          1000
          101
          110
          101
            1              余数
```

二进制的除法，实际相当于取被除数高位与除数各位进行比较，大则商 1，小则商 0，再取一位继续进行比较。

2. 二进制的逻辑运算

逻辑运算是逻辑变量之间的运算，运算的结果并不表示数值的大小，而是表示逻辑概念成立还是不成立。

逻辑运算包括 4 种基本运算：逻辑或运算、逻辑与运算、逻辑非运算、逻辑异或运算。

（1）逻辑或运算（OR）。

逻辑或运算也称逻辑加法运算，其运算符号为"+"或"∨"。例如，有逻辑变量 a、b，其逻辑或运算的结果为 c，则它们的逻辑或运算可表示为：

c=a+b 或 c=a∨b

逻辑或的运算规则如下：

0+0=0 0+1=1 1+0=1 1+1=1（见 1 为 1 或见真为真）

在两个逻辑值中只要有一个为真，那么逻辑或运算的结果为真。在计算机的数据处理应用中，有时需要使用二进制数的逻辑或运算来实现。例如二进制数 10011 和 10100 的逻辑或运算可表示为：

$$
\begin{array}{r}
10011 \\
\vee)\quad 10100 \\
\hline
10111
\end{array}
$$

因此，两个二进制数进行逻辑或运算是按位进行的，不同位之间不发生任何关系。

（2）逻辑与运算（AND）。

逻辑与运算又称为逻辑乘法运算，其运算符号为"×"、"·"或"∧"。例如，有逻辑变量 a、b，其逻辑与运算的结果为 c，则它们的逻辑与运算可表示为：

c=a×b 或 c=a·b 或 c=a∧b

逻辑与的运算规则如下：

0×0=0 0×1=0 1×0=0 1×1=1（见 0 为 0 或见假为假）

在两个逻辑值中，只有当两个逻辑值都为真时，逻辑与运算的结果才为真。例如二进制数 10011 和 10101 的逻辑与运算可表示为：

$$
\begin{array}{r}
10011 \\
\wedge)\quad 10100 \\
\hline
10000
\end{array}
$$

（3）逻辑非运算（NOT）。

逻辑非运算也称为逻辑否定，就是进行求反运算。常在逻辑变量上方加一条横线表示。例如，A 的非运算为 $\overline{A}$。

逻辑非的运算规则如下：

1 的非运算为 0   0 的非运算为 1

（4）逻辑异或运算（XOR）。

参与运算的两个逻辑量取值相异时，它们的异或运算结果为 1，否则为 0。异或运算可用符号 ⊻ 来表示。

利用这 4 种基本逻辑运算关系可以组合成多种逻辑运算，例如同或、与非、或非等。所有二进制数进行逻辑运算都是按位进行的。

例如，两个逻辑量 X=00FFH 和 Y=5555H，求 $Z_1=X\wedge Y$；$Z_2=X\vee Y$；$Z_3=\overline{X}$；$Z_4=X\veebar Y$ 的值。

X=0000   0000   1111   1111
Y=0101   0101   0101   0101
Z_1=0000   0000   0101   0101=0055H
Z_2=0101   0101   1111   1111=55FFH
Z_3=1111   1111   0000   0000=FF00H
Z_4=0101   0101   1010   1010=55AAH

3. 逻辑门电路

计算机的运算处理可分为算术运算与逻辑运算两大类。一个复杂的数学问题可以通过某种算法转化为一组四则运算的基本运算；一个复杂的逻辑问题也可以通过某种算法转化为一组基本逻辑运算。按照二进制数据信息处理逻辑化的思想，算术运算也是通过基本逻辑运算得以实现的。以门电路为基础的各种逻辑部件是计算机工作的统一逻辑基础。

逻辑门电路是数字电路中最基本的逻辑元件。所谓门就是一种开关，它能按照一定的条件去控制信号的通过或不通过。门电路的输入和输出之间存在一定的逻辑关系（因果关系），正好与逻辑状态相对应，所以门电路又称为逻辑门电路。

逻辑门电路可以用电阻、电容、二极管、三极管等分立原件构成，称为分立元件门。也可以将门电路的所有器件及连接导线制作在同一块半导体基片上，构成集成逻辑门电路。

简单的逻辑门可由晶体管组成。这些晶体管的组合可以使代表两种信号的高低电平在通过它们之后产生高电平或者低电平的信号。基本的门电路有与门、或门、非门等。

（1）与逻辑门电路和逻辑符号如图 1-3 所示。

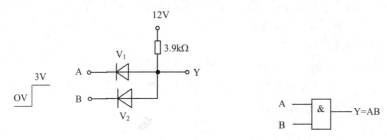

图 1-3　与逻辑门电路和逻辑符号

（2）或门电路与逻辑符号如图 1-4 所示。

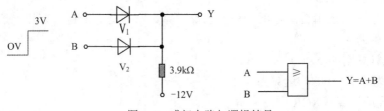

图 1-4　或门电路与逻辑符号

（3）非门电路和逻辑符号如图 1-5 所示。

1.2.4　数据的编码表示

数字型数据是由算术运算中可能用到的数字组成的。计算机使用二进制数字系统（Binary Number System）（亦称"基 2"）来表示数字型数据。二进制数字系统能够让计算机仅用若干的 0 和 1 就能表示几乎任何的数字，正如我们用二进制位的多位组合来表示定点数、浮点数，而且它们可以被很方便地转变成电信号的"开"和"关"状态。

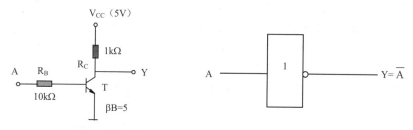

图 1-5　非门电路和逻辑符号

进一步地讲，为了表示更多的数据类型，如字母、标点、音乐、图片和视频等，就需要有更多的二进制位的组合规则。数据的编码，也就是按照某种编码规则将数据编制成易于计算机处理的二进制位序列。

1. ASCII 码

ASCII 是被国际标准化组织所采用的计算机在相互通信时共同遵守的标准。ASCII 有两种：7 位 ASCII 码和 8 位 ASCII 码，后者称为扩充 ASCII 码。国际通用的 7 位 ASCII 码又为 ISO-646 标准，可为 128（2^7）个字符提供编码。因为 1 位二进制数可以表示 2（2^1=2）种状态：0、1；而 2 位二进制数可以表示 4（2^2=4）种状态：00、01、10、11；依次类推，7 位二进制数可以表示 128（2^7=128）种状态。每种状态都唯一地编为一个 7 位的二进制码，对应一个字符（或控制码）。这些编码排列成一个十进制序号 0～127，计算机键盘上的符号，包括大小写字母、标点符号和数字，大多数都可以在 ASCⅡ 码表中找到对应的编码。事实上，键盘按键后被处理得到的那个编码就是按键所对应的 ASCII 码。标准 ASCII 码表字符集如表 1-3 所示。

表 1-3　标准 ASCII 码表字符集

高四位			ASCII非打印控制字符									ASCII 打印字符															
		0000				0001					0010		0011		0100		0101		0110		0111		
		0				1					2		3		4		5		6		7		
低四位		十进制	字符	ctrl	代码	字符解释	十进制	字符	ctrl	代码	字符解释	十进制	字符	十进制	字符	十进制	字符	十进制	字符	十进制	字符	十进制	字符	ctrl
0000	0	0	BLANK NULL	^@	NUL	空	16	►	^P	DLE	数据链路转义	32		48	0	64	@	80	P	96	`	112	p	
0001	1	1	☺	^A	SOH	标题开始	17	◄	^Q	DC1	设备控制 1	33	!	49	1	65	A	81	Q	97	a	113	q	
0010	2	2	☻	^B	STX	正文开始	18	↕	^R	DC2	设备控制 2	34	"	50	2	66	B	82	R	98	b	114	r	
0011	3	3	♥	^C	ETX	正文结束	19	‼	^S	DC3	设备控制 3	35	#	51	3	67	C	83	S	99	c	115	s	
0100	4	4	♦	^D	EOT	传输结束	20	¶	^T	DC4	设备控制 4	36	$	52	4	68	D	84	T	100	d	116	t	
0101	5	5	♣	^E	ENQ	查询	21	§	^U	NAK	拒绝接收	37	%	53	5	69	E	85	U	101	e	117	u	
0110	6	6	♠	^F	ACK	确认	22	■	^V	SYN	同步空闲	38	&	54	6	70	F	86	V	102	f	118	v	
0111	7	7	●	^G	BEL	响铃	23	↨	^W	ETB	传输块结束	39	'	55	7	71	G	87	W	103	g	119	w	
1000	8	8	◘	^H	BS	退格	24	↑	^X	CAN	取消	40	(	56	8	72	H	88	X	104	h	120	x	
1001	9	9	○	^I	TAB	水平制表符	25	↓	^Y	EM	媒体结束	41	)	57	9	73	I	89	Y	105	i	121	y	
1010	A	10	◙	^J	LF	换行/新行	26	→	^Z	SUB	替换	42	*	58	:	74	J	90	Z	106	j	122	z	
1011	B	11	♂	^K	VT	竖直制表符	27	←	^[	ESC	转意	43	+	59	;	75	K	91	[	107	k	123	{	
1100	C	12	♀	^L	FF	换页/新页	28	└	^\	FS	文件分隔符	44	,	60	<	76	L	92	\	108	l	124	|	
1101	D	13	♪	^M	CR	回车	29	↔	^]	GS	组分隔符	45	-	61	=	77	M	93	]	109	m	125	}	
1110	E	14	♫	^N	SO	移出	30	▲	^6	RS	记录分隔符	46	.	62	>	78	N	94	^	110	n	126	~	
1111	F	15	☼	^O	SI	移入	31	▼	^-	US	单元分隔符	47	/	63	?	79	O	95	_	111	o	127	△	Back space

注：表中的ASCII字符可以用：ALT ＋ "小键盘上的数字键" 输入

第 0～31 号及第 127 号（共 33 个）是控制字符或通讯专用字符，如控制符：LF（换行/新行）、CR（回车）、FF（换页/新页）、DLE（数据链路转义）、BEL（响铃）等；通讯专用字符：SOH（标题开始）、EOT（传输结束）、ACK（确认）等。

第 32 号，也就是 20H 的编码，对应的是空格字符。

第 33～126 号（共 94 个）是字符，其中第 48～57 号为 0～9 十个阿拉伯数字；65～90 号为 26 个大写英文字母，97～122 号为 26 个小写英文字母，其余为一些标点符号、运算符号等。字符 0 的 ASCII 码是 30H；字符 A 的 ASCII 码是 41H；字符 a 的 ASCII 码是 61H。

ASCII 码也有大小，其二进制序列的值，就是其 ASCII 码值。常用字符的 ASCII 码值的大小关系：①空格<数码<大写字母<小写字母；②0<1…<9；③A<B<C<…<Z<a<b<c<…<z；④同一个字母大小写 ASCII 码值相差 32（或 20H）。

在 ASCII 码表中的 0～9 是字符型数码数字。我们已经知道计算机用二进制换算值表示数字型数据，但对于无需参加运算的数码数字，如身份证号码、电话号码等，用编码表示，计算机对其存储和处理都要简便得多。

"位"（bit）是计算机中信息表示的最小单位（b），在前面的内容中已经做了阐释和说明，位就是一个二进制位，它只能有两种状态：0 和 1。在这里我们进一步引入"字节"（Byte）的概念。ASCII 码 8 位（7 位 ASCII 码+最高位 0）表示一个基本字符，所以定义 8 位为一个字节，作为计算机中信息表示和信息存储的基本单位（B）。

在计算机领域，数据的传输速度通常用位来表示，如音频调制解调器的速度是 56Kbps，表示每秒传输 56 千位的数据。而存储容量通常用字节表示，如硬盘的容量描述为 500 GB，也就是 500 吉字节。

2．Unicode 码

Unicode 码（统一码、万国码、单一码）是计算机科学领域里的一项业界标准。它对世界上大部分的文字系统进行了整理、编码，使得计算机可以用更为简化的方式来呈现和处理文字。

Unicode 码扩展自 ASCII 字符集。在严格的 ASCII 中，每个字符用 7 位二进制表示。而 Unicode 码使用 16 位、32 位模式字符集，ISO 采用的是 32 位模式（国际标准 ISO 10646），收录超过了十万个字符，能够表示世界上所有书写语言中可能用于计算机通信的字符、象形文字和其他符号。

Unicode 码备受认可，并广泛地应用于计算机软件的国际化与本地化过程。有很多新科技，如可扩展置标语言、Java 编程语言、现代的操作系统都采用 Unicode 编码。从 Windows 2000 开始，Windows 的系统内核开始完全支持并完全应用 Unicode 码编写，所有 ANSI 字符在进入底层前都会被相应的 API 转换成 Unicode。对于 Java/.NET 等这些"新"的语言来说，内置的字符串所使用的字符集已经完全是 Unicode 码。

3．汉字编码

相对西文字符集的定义，汉字编码字符集的定义有两大困难：选字难和排序难。选字难是因为汉字字量大（包括简体字、繁体字、日本汉字、韩国汉字），而字符集空间有限。排序难是因为汉字可有多种排序标准（拼音、部首、笔画等），而具体到每一种排序标准，往往还存在不少争议，如对一些汉字还没有一致认可的笔画数。

（1）汉字信息交换代码。

汉字信息交换代码是用于汉字信息处理系统间或者通信系统之间进行信息交换的汉字代码，也称国标码。国家标准《信息交换用汉字编码字符集基本集》GB 2312-80 已于 1981

年颁布实施，它通行于大陆（新加坡等地也使用此编码），奠定了我国中文信息处理技术发展的基础。

GB 2312d-80 规定"对任意一个图形字符都采用两个字节表示，每个字节均采用 7 位编码表示"，习惯上称第一个字节为"高字节"，第二个字节为"低字节"，但为了避开 ASCII 表中的控制码和空格字符，每个字节的 7 位只选取了 94 个编码位置，即 21H～7EH（33～126）。所以每张代码表分 94 个区和 94 个位。其中前 15 区作为拼音文字及符号区或保留未用，16 区到 94 区为汉字区。

GB 2312-80 是一个简化字的编码规范，包括 7445 个图形字符，其中有一级 3755 个，按音序排列；二级次常用字 3008 个，按偏旁部首笔画数排序；非汉字符号如字母、日文假名等 682 个。

（2）汉字内部码。

为解决汉字字符集中的汉字编码与机内原有西文字符编码（如 ASCII）发生冲突的问题，有两种方法：①保持原有西文字符编码，修改汉字编码；②将西文字符和汉字统一编码，即原有西文字符的编码也要修改。

内码处理使用的是上述第一种方法。汉字内码是为了在计算机内部对汉字进行存储、处理、传输而编制的汉字代码。对应于国标码的一个汉字内码也是采用双字节编码，为避免与单字节的 ASCII 码产生歧义，将原国标码每一个字节的最高位由"0"改为"1"，形成对应汉字内码。因此，汉字国标码与内码之间有如下关系：

汉字的机内码=汉字的国标码+8080H

例如，已知"凌"的国标码为 6168H，那么它的机内码=6168H +8080H=E1E8H。

汉字符号的机内码每一字节的范围为 A1H～FEH。

（3）汉字输入码。

为将汉字输入到计算机而编制的代码称为汉字输入码，也叫外码。

目前汉字主要是通过标准键盘输入计算机的，所以汉字输入码都由键盘上的字符或数字组成，一般为小写的半角符号。汉字输入码是根据汉字的某一种特性和汉语有关规则来制定的。根据发音则为音码，如拼音码等；根据字形结构则为形码，如五笔字型码等；根据集合顺序则为顺序码，如区位码、电报码等；根据几种特性共同编码，则为混合码，如智能 ABC 等。对于同一个汉字，不同的输入法有不同的编码（如"凌"字，区位码为 3372、拼音码为 ling、五笔字型码为 ufwt），最后这些编码都通过输入字典转换为统一的国标码。

区位码由国标码顺序定义，对应 GB 2312-80 第一个字节（21H～7EH）分为 94 个区，对应 GB 2312-80 第二个字节（21H～7EH）分 94 个位，形成一个 94×94 的一个平面体系。区位码 94 区 94 位分别对应于国标码的高、低两个字节，区位码区号和位号均从 1 编到 94，而汉字符号集国标码高、低字节均从 21H 编到 7EH，两者对应关系上相差 20H。由于在表示上，区位码是十进制形式，国标码是十六进制形式，因此可知区位码和国标码之间的关系为：

● 区号对应高字节，位号对应低字节。

● 区号位号分别转换成十六进制数，再加 20H，则得到其国标码的相应高低字节。

如"凌"的区位码是 3372，33=21H，72=48H，则知"凌"的国标码是 4168H。

（4）汉字字形码。

汉字字形码是供计算机输出汉字（显示和打印）用的。汉字系统中汉字的字形有三种。第一种是以点阵的方式存储、输出的，此时字形码就是汉字字形的点阵代码；第二种是矢量型，它是按照汉字笔画边界数据信息组成的；第三种叫 Post Script 字库，它是当前字形质量最好的一种汉字字形码。

用点阵表示字形时，汉字字形码一般指确定汉字字形的点阵代码。字形码也称字模码，它是汉字的输出形式，随着汉字字形点阵和格式的不同，汉字字形码也不同。常用的字形点阵有 16×16 点阵、24×24 点阵、48×48 点阵等。字模点阵的信息量很大，占用存储空间也很大，以 16×16 点阵为例，每个汉字占用 32（2×16=32）个字节，两级汉字大约占用 256KB。因此，字模点阵只能用来构成"字库"，而不能用于机内存储。字库中存储了每个汉字的点阵代码，当显示输出时才检索字库，输出字模点阵得到字形。

（5）汉字地址码。

汉字地址码是指汉字字模库中存储汉字字形码的首单元地址。为了输出汉字，必须要存储汉字的字形点阵码，将汉字内码映射到对应汉字字形点阵码存储区首址，以便取出字形点阵码送至输出设备。

（6）各种汉字代码之间的关系。

汉字的输入、处理和输出过程，实际上是汉字的各种代码之间的转换过程。如图 1-6 所示为这些代码在汉字处理信息系统中的位置和作用。

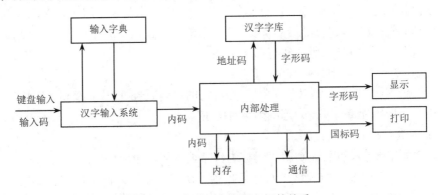

图 1-6 各种汉字代码之间的关系

汉字输入码向内码的转换是通过使用输入字典（或称索引表，即外码和内码的对照表）实现的。一般的系统具有多种输入方法，每一种输入法都有自己的索引表。在计算机的内部处理过程中，汉字信息的存储和各种必要的加工，以及向外存存储汉字信息均以汉字内码形式进行。汉字通信过程中，处理机将汉字内码转换成适合于通信用的交换码以实现通信处理。在汉字的显示和打印输出中，处理机根据汉字内码算出地址码，按地址码从字库中取出汉字字形码，实现汉字的显示和打印。有的汉字打印机可自行完成从汉字内码到字形码的转换，因此只要送入汉字内码即可实现打印。

4. 多媒体数据编码

多媒体信息是指以文字、声音、图形、图像为载体的信息。多媒体信息编码就是将这些信息转换为供计算机处理、存储、传输的二进制数据，即数字化。

在输入过程中，系统自动将用户输入的各种数据按编码的类型转换成相应的二进制信息形式存入计算机存储单元中。在输出过程中，再由计算机系统自动将二进制编码数据转换成用户可以识别的数据格式输出给用户。二进制编码数据的转换如图 1-7 所示。

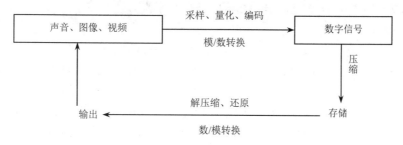

图 1-7　二进制编码数据的转换

（1）音频信息的数字化。

计算机中所处理的都是二进制信息，为了使计算机能处理声音信号，必须先将这种模拟信号转换成二进制的数字信号，即对声波进行采样，这个过程称为模/数（A/D）转换；反之，将数字信号转换成模拟信号的过程称为数/模（D/A）转换。每秒钟的采样数叫做采样频率，目前通用的标准采样频率有 3 个：44.1kHz、22.05 kHz 和 1.025kHz。将采样的声音信号幅值转换为二进制表示，则声音就被数字化了。采样的频率越高，声音的保真度越高，质量越好。

现实世界中的各种声音必须转换成数字信号并经过压缩编码后，计算机才能接收和处理。这种数字化的声音信息以文件形式保存，即通常所说的音频文件或声音文件。多媒体计算机中的声音文件有很多种类，常用的有两类：WAVE 文件和 MIDI 文件。前者是通过外部音响设备输入到计算机的数字化声音，后者是完全通过计算机合成产生的，它们的采集、表示、播放、使用的软件都各不相同。

1）WAVE 文件：计算机通过声卡对自然界里的真实声音进行采样编码，形成 WAVE 格式的声音文件，它记录的就是数字化的声波，所以也叫波形文件。

只要计算机中安装了声卡，就可以利用声卡录音。计算机不仅能通过麦克风录音，还能通过声卡上的 Line-in 插孔录下电视机、广播、收音机、放像机里的声音；另外，也能把计算机里播放的 CD、MIDI 音乐和 VCD 影碟的配音录制下来。

常用的录音软件有：Windows XP 附件中的"录音机"程序、声卡附带的录音机程序或专用的录音软件，如 Sound Forge、Wavelab 等。这些软件可以提供专业水准的录制效果，并且可以对所录制的声音进行复杂的编辑或者制作各种特技效果。录制语音的时候，几乎都是使用 WAVE 格式；WAVE 文件的大小由采样频率、采样位数和声道数所决定。

2）MIDI 文件：乐器数字接口，它是在音乐合成器、乐器和计算机之间交换音乐信息的一种标准协议。MIDI 文件就是一种能够发出音乐指令的数字代码。与 WAVE 文件不同，它记录的不是各种乐器的声音，而是 MIDI 合成器发音的音调、音量、音长等信息。所以 MIDI 总是和音乐联系在一起，它是一种数字式音乐。

利用具有乐器数字化接口的 MIDI 乐器（如 MIDI 电子键盘、合成器等）或具有 MIDI 创作能力的计算机软件可以制作或编辑 MIDI 音乐。当然，这需要使用者精通音律并且能熟练演奏电子乐器。

由于 MIDI 文件存储的是命令，而不是声音波形，所以生成的文件较小，仅是同样长度的 WAVE 音乐的几百分之一。

（2）图像信息的数字化。

图像是多媒体中的可视元素，也称静态图像。在计算机中可分为两类：位图和矢量图，虽然它们的生成方法不同，但在显示器上显示的结果几乎没有什么差别。

1）位图（Bitmap）。

位图图像由一系列像素组成，每个像素用若干个二进制位来指定它的颜色深度。若图像中的每一个像素值只用一位二进制数（0 或 1）来存放它的数值，则生成的是单色图像；若用 N 位二进制数来存放，则生成彩色图像，且彩色的数目为 2^n。例如，用 4 位存放一个像素的值，则可以生成 16 色的图像；用 8 位存放一个像素的值，则可以生成 256 色的图像。

常见的位图文件格式有：BMP、GIF、JPEG、TIFF、PSD 等，其中 JPEG 是一种由国际标准化组织（ISO）和国际电报电话咨询委员会（CCITT）联合制定的，适合于连续色调、多级灰度、彩色或单色静止图像数据压缩的国际标准。

位图可以用画图程序绘制，如 Windows XP 附件中的画图程序，它的功能比较简单。如果要制作更复杂的图形图像则要使用专业的绘图软件和图像处理软件，如 Photoshop、PaintBrush、PhotoStyler 等。

使用扫描仪可以将印刷品或平面画片中的精美图像方便地转换为计算机中的位图图像。此外，还可以利用专门的捕捉软件获取屏幕上的图像。

2）矢量图。

与生成位图文件的方法完全不同，矢量图采用的是一种计算方法或生成图形的算法。也就是说，它存放的是图形的坐标值，如直线，存放的是首尾两点坐标；圆，存放的是圆心坐标、半径；圆弧，存放的是圆弧中心坐标、半径、起始点和终止点坐标。

可见使用这种方法生成的图像存储量小、精度高，但显示时要先经过计算，再转换成屏幕上的像素。

矢量图文件的类型有 CDR、FHX 或 AI 等，一般是直接用软件程序制作，如 CorelDRAW、FreeHand、Illustrator 等。

（3）视频信息的数字化。

动态图像也称视频信息，人们所看到的视频信息实际上是由许多幅静止的画面所构成的。每一幅画面称为一帧，帧是构成视频信息的最小、最基本的单位。视频信息的采样和数字化视频信号的原理与音频信息数字化相似，也用两个指标来衡量：一是采样频率，二是采样深度。

采样频率是指在一定时间以一定的速度对单帧视频信号的捕获量，即以每秒所捕获的画面帧数来衡量。例如，要捕获一段连续画面时，可以用每秒 25～30 帧的采样速度对该视频信号加以采样。采样深度是指经采样后每帧所包含的颜色位（色彩值），如采样深度为 8 位，则每帧可达到 256 级单色灰度。

视频图像一般分为动画和影像视频两类，都是由一系列可供实时播放的连续画面组成的。前者画面上的人物和景物等物体是制作出来的，如卡通片，通常将这种动态图像文件称为动画文件；后者的画面则是自然景物或实际人物的真实图像，如影视作品，通常将这种动态图像文件称为视频文件。

常见的视频文件有 AVI、MOV、MPG、DAT 等。其中 AVI 格式是 Microsoft 公司出品的 Video for Windows 程序采用的动态视频影像标准存储格式；MOV 文件是 QuickTime for Windows 视频处理软件所采用的视频文件格式；MPG 文件是一种应用在计算机上的全屏幕运动视频标准文件，它采用 MPEG 动态图像压缩和解压缩技术，具有很高的压缩比，并具有 CD 音乐品质的伴音；DAT 格式是 VCD 影碟专用的视频文件格式，也是基于 MPEG 压缩和解压缩标准的，如果计算机上配备了视频卡或解压软件（如超级解霸），即可播放这种格式的文件。

若计算机中安装了视频采集卡，则可以很方便地将录像带或摄像机中的动态影像转换为计算机中的视频信息。利用捕捉软件，如 SnagIt、Capture Professional 或超级解霸等，可录制屏幕上的动态显示过程，或将现有的视频文件以及 VCD 电影中的片段截取下来。另外，利用 Windows XP 附件中提供的 Movie Maker 视频编辑软件或其他专业的视频编辑软件（如 Adobe Premiere），可以对计算机中的视频文件进行编辑处理。

动画通常是人们利用二维或三维动画制作软件绘制而成的，如 Animator Studio、3ds max、Flash 等。

（4）多媒体关键技术。

1）数据压缩技术。

各种数字化的媒体信息，如声音、图像、视频等的数据量通常很大。例如，一幅 640×480 分辨率的 24 位真彩色图像，需要 1MB 的存储量；而一秒钟的视频画面就要保存 15～39 幅图像，存储量非常惊人，同时音频存储量也很惊人。在多媒体系统中，为了达到令人满意的听觉和视觉效果，必须要解决音频、视频数据的大容量存储和实时传输的问题，这就需要使用编码压缩技术。目前，国际上对于音频信息、静态图像和动态图像的压缩/解压缩通常使用这一国际标准：对于数字化音频的压缩，即 CD 格式，已有红皮书、黄皮书和绿皮书标准；而视频的处理，主要经过数字化输入、编码压缩/还原和同步显示处理，其中静态图像的压缩编码方案为 JPEG（它对单色和彩色图像的压缩比通常为 10:1 和 15:1），全运动视频图像的压缩编码方案为 MPEG（压缩比通常为 50:1）。

2）存储管理技术。

对庞大的多媒体数据信息的管理问题是多媒体的另一个关键技术。两张照片配合一段背景音乐构成一段简单而完整的多媒体信息，具有听觉和动态的效果，它与基本的文字和数据资料有着显著的区别。而传统计算机系统的数据库功能已不能完成对复杂多媒体资料的有效管理和存储。目前出现的多媒体数据库则将以往数据库对单调的数字、文字的管理发展成对声音、图像等数据进行管理的系统。

1.3　计算机硬件系统

计算机是如何存储、传输、处理所有上述这些位序列的呢？计算机系统以硬件为基础，通过软件扩充其功能，并以执行程序方式体现其功能。

组成计算机的硬件包括运算器、控制器、存储设备、输入输出设备，其所有的电路、芯片和机械元件都被设计成按位进行操作，所有位序列都以电子脉冲的形式在电路中传输处理。微型计算机与通用计算机没有本质的区别，平常工作中接触的计算机大多属于微型计算机。

在通用计算机的硬件系统中，总线是基础，接口是关键，CPU 是核心。同样地，微型计算机以总线、微处理器、存储器、输入输出接口等构成了计算机硬件基础。本节以微型计算机为例，介绍计算机硬件系统，进一步认识计算机的组成及原理。

1.3.1　以总线为基础的典型系统结构

计算机的操作基本上可归结为信息传送，其逻辑结构的关键是数据通路结构。现代计算机普遍采用总线结构连接计算机各系统功能部件，以实现信息的传送与控制，如图 1-8 所示。

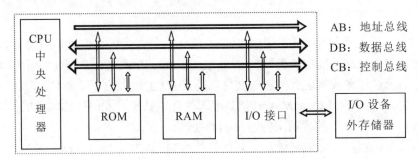

图 1-8　典型微型计算机总线结构

图 1-8 中虚线之内的部分表示计算机的主机，虚线之外是计算机的外设。从图中可以看出计算机的主机由 CPU（运算器、控制器）、内存储器（RAM、ROM）和 I/O 接口几部分组成，这些部分是通过系统总线相连接的。从图中还可以看出外围设备不是直接与系统总线相连接的，而是通过 I/O 接口与总线连接的。I/O 接口是 CPU 与计算机外围设备，如键盘、显示器、打印机等数据通信的必经之路，具有协调和转换的功能。

系统总线是计算机内传输数据和各种信号的公共通道。计算机的系统总线有三种：地址总线（Address BUS）、数据总线（Data BUS）和控制总线（Control BUS）。

1. 数据总线

数据总线主要用来传输数据。从结构上看，它是双向的，而数据总线的位数（也称为宽度，也就是有多少根数据线）和 CPU 的位数相对应。比如 64 位的 CPU，指的就是这种 CPU 具有 64 根数据线。但是这里所说的数据含义是广义的，数据总线上传送的不一定是真正的数据，也可能是指令代码、状态量，有时还可能是一个控制量。

2. 地址总线

在介绍地址总线之前，先来熟悉几个名词。

（1）位（bit）。

是计算机所能表示的最小数据单元。在计算机中，位就是一个二进制位，它只能有两种状态：0 和 1。

（2）字节（Byte）。

把相邻的 8 位二进制位称为一个字节，换句话说，1Byte=8bit。一般来讲，数字、字母、符号占 1Byte，汉字占 2Byte。

（3）字（Word）和字长。

字是计算机内部进行数据处理的基本单位。计算机的每一个字所包含的二进制位数称为字长。不同计算机的字长是不定的。如 8 位微机的字长等于 1 个字节，而 16 位微机的字长等于 2 个字节，32 位微机的字长则等于 4 个字节等。

那么计算机中的地址是什么呢？每个存储单元就如同我们住的地方一样，都需要进行区别，而进行区别的方法就是给每个存储单元赋予唯一的地址，也就如同我们的门牌号码，有了地址信息就能够找到地址里面的内容。

地址总线就是提供地址信息的。因为地址总是从 CPU 送出去的，所以和数据总线不同，它是单向的。

另外，很重要的一点是，地址总线的位数决定了 CPU 可以直接寻址的内存范围。

8 位微机的地址总线一般是 16 位，因此最大内存容量为 2^{16}=64KB；16 位微机的地址总线一般是 20 位，因此最大内存容量为 2^{20}=1MB。知道地址总线的位数就能计算出内存的大小（最大值）。

如表 1-4 所示为计算机内存储单位之间的大小关系。

表 1-4　计算机内的存储单位

中文单位	中文简称	英文单位	英文简称	进率（Byte=1）
位	比特	bit	b	0.125
字节	字节	Byte	B	1
千字节	千字节	KiloByte	KB	2^10
兆字节	兆	MegaByte	MB	2^20
吉字节	吉	GigaByte	GB	2^30
太字节	太	TrillionByte	TB	2^40
拍字节	拍	PetaByte	PB	2^50
艾字节	艾	ExaByte	EB	2^60
泽字节	泽	ZettaByte	ZB	2^70
尧字节	尧	YottaByte	YB	2^80
千亿亿亿字节	千亿亿亿字节	BrontByte	BB	2^90

从 B 到 KB、MB…YB、BB 之间的数量级关系是 2^{10}，也就是 1024，而不是 1000。注意，在计算机工厂，在标注存储器容量时，往往采用的数量级是 1000，而非 1024，造成了工厂标注和计算机识别存储容量之间的差别。

3．控制总线

包括 CPU 送往存储器和输入/输出接口电路的控制信号，如读信号、写信号、中断响应信号等；还包括其他部件送到 CPU 的信号，如时钟信号、中断请求信号和准备就绪信号等。可以看出控制总线也是双向的。

系统总线（System Bus）是一个独特的结构。有了总线结构后，计算机系统中各功能部件之间的相互关系变为各个部件面向总线的单一关系。也就是说，总线起到一个桥梁的作用。一个部件只要符合总线标准，就可以连接到采用这种总线标准的系统中，使系统功能得到扩展。

总线结构是一种连接成整机的基本结构，在具体的实现上可有多种变化。

1.3.2　微型计算机数字电路

微型计算机的基本配置包括主机、键盘、鼠标、显示器等，如图 1-9 所示。

主机箱内安放微处理器、内存、显卡、网卡，还有外存，如光驱、硬盘驱动器等。主机箱外面有一些接口，如 USB 接口、键盘鼠标接口等，用于接入打印机等外围设备。

主机箱内有一块主要电路板称为母板（Motherboard）或"主板"，上面安放着所有重要芯片并提供了芯片之间的连接电路，如图 1-10 所示。

什么是计算机芯片？"计算机芯片"、"微型芯片"和"芯片"这些词原来是集成电路技术使用的专业术语。集成电路（Integrated Circuit，IC）是一种超薄的半导电性物质，它的表面上堆列着许多微小的电路元件，如电线、晶体管、电容、逻辑门和电阻。典型的半导电性物质（Semiconducting Material，或称"半导体"）有硅和锗，它是一种具有介于导体（如铜）和绝缘体（如木头）中间性质的物质。要做成一个芯片，可以对半导体可选择属性中的导电性加以强化，从而能够形成微小的电子路径和像晶体管等小元件。

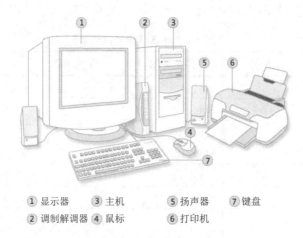

① 显示器　　③ 主机　　　⑤ 扬声器　　⑦ 键盘
② 调制解调器　④ 鼠标　　　⑥ 打印机

图 1-9　台式计算机的基本配置

图 1-10　计算机主板

　　计算机内部芯片的种类包括微处理器、内存单元及支撑电路。这些芯片都被包裹在一个保护性的封装中，而且可以通过封装和其他计算机元件进行连接。芯片封装的形状、大小各不相同，有小长方形的双列直插式封装（Dual In-line Package，DIP），它的管脚从黑色的长方形"身体"里伸出来，像毛虫一样；有很细很长的双列内置存储模型（Dual In-line Memory Module，DIMM）；有像针线包一样的针网阵列（Pin-Grid Array，PGA）；有像盒式录音带似的单列直插盒（Single Edge Contact Cartridge，SECC）。

1.3.3　微处理器

　　微处理器，也称为 CPU，是一块超大规模集成电路芯片，完成从存储器存放的程序中连续不断地读取指令、分析指令、执行运算、传送结果等一系列有规律的重复操作。不同型号的CPU，其内部结构和硬件配置不同，由它组成的计算机性能也不同，但任何一种 CPU 都由 3个部分组成：输入输出单元（Input/Output Unit，I/O）、一个或多个算术逻辑控制单元（Arithmetic Logic Unit，ALU）、控制单元（Control Unit，CU），如图 1-11 所示。

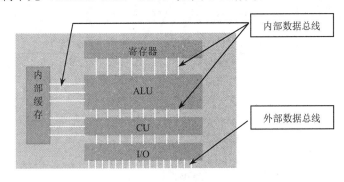

图 1-11　CPU 的组成

ALU 算术逻辑单元即运算器，执行所有比较和运算功能；CU 控制单元即控制器，管理CPU 内部的所有动作；I/O 单元管理进出 CPU 的数据和命令。

在 CPU 内部结构中，需要了解以下几个部分：

（1）寄存器。寄存器是与内部 RAM 相似的 CPU 内的小存储空间。寄存器中会存储 ALU正在处理的计数器、命令、数据、地址等内容。

（2）内部缓存。存储等待 ALU 处理的数据和命令。

（3）外部总线。数据、命令、地址和控制信号进入 CPU 的通道，也称前端总线。

（4）内部总线。CPU 和寄存器、内部缓存之间的通信通路，也称后端总线。

1. 原理

ALU 和 CU 是微处理器的两大核心部件。运算器完成算术运算和逻辑运算的功能，而控制器则根据程序的要求协调各部件，包括运算器的统一行为。

程序是为完成某一任务相关指令的有序集合。一条指令必须包括操作码和地址码两个部分，操作码指出该指令做什么，即操作类型，如加、减、数据传送等；地址码又称操作数，指出参与操作的对象数据或存放结果的位置。每一条指令，其执行过程都可分为两个阶段：取指阶段和执行阶段。

（1）取指阶段。

开始时，微机进入取指令阶段。在控制器的控制下，从内存中取出一条指令送入 CPU 运算器及相关部件，经 CPU 部件总体动作后，产生完成此指令的各种反馈及定时控制信号。

（2）执行阶段。

取指阶段结束后，就进入了执行阶段。执行阶段在控制器产生的该指令的对应控制信号作用下执行该指令规定的操作。

微处理器执行程序的过程就是在控制器的控制下不断地取指令、执行指令，再取指令、再执行指令，每一步都是严格按照时序来进行的，直至程序的所有指令都执行完毕的过程。

微处理器执行的指令都是由计算机程序所提供的。然而，微处理器能够执行指令的数目有限，并不是所有指令都能执行。微处理器能够执行的指令列表称为指令集合（Instruction Set）。这些指令被固化在处理器的电路中，其中包括基本的算术和逻辑运算、取数据和清除寄存器指令。计算机能完成非常复杂的任务，但这要以完成指令集合中的简单指令为基础。

2．性能指标

微处理器是微型计算机的核心设备，其优劣是影响微机价格和性能的重要因素。如表 1-5 所示是微机厂家给出的微机基本参数，有处理器型号及时钟、主板型号、内存类型及容量、硬盘型号及大小等。

表 1-5　微型计算机销售广告参数表

联想 ThinkStation S30（060616C）详细参数	
基本参数	
型号	S30（060616C）
处理器	Intel Xeon E5-1620 3.6GHz 最高睿频：3.8GHz
主板参数	Intel C602
内存容量	8GB
内存类型	ECC DDR3
最大内存容量	128GB，8×DDR3 DIMM
存储	
硬盘容量	1TB
硬盘类型	SATAII
最大支持硬盘	最大支持 3 块硬盘
光驱类型	DVD+RW
光驱速度	支持 DVD SuperMulti 双层刻录
其他存储设备	内置 20 合一读卡器

微处理器的优劣是由包括时钟频率、字长、高速缓存容量、指令集合和处理技术等有关性能指标来衡量的。

（1）时钟频率。

表 1-5 中，微处理器参数 3.6GHz 所指的就是微处理器时钟（Microprocessor Clock）的时钟频率。3.6GHz 意味着计算机每秒能够执行 36 亿个时钟周期（时钟周期是微处理器领域内最小的时间单位）。微处理器的时钟是一种计时设备，用来设置指令执行的速度。一些指令执行只需要一个周期，而另一些指令可能需要很多周期。

主频的单位赫兹（Hz）表示每秒一个时钟周期，还有千赫兹（kHz）、兆赫兹（MHz）、吉赫兹（GHz），它们之间的数量级关系是 1000，即：1kHz=1000Hz；1MHz=1000kHz；1GHz=1000MHz。

频率的单位是 Hz，存储容量的单位是 B（字节），传输速率的单位是 b/s（即 bps，每秒传送多少位二进制数据），它们都有 k、M、G 等数量单位，但只有存储容量的数量级是 1024，其他都是 1000。

（2）字长。

字长（Word Size）指的是微处理器能够同时处理的二进制数据的位数。字长的大小取决于 ALU 中寄存器的容量和连接这些寄存器的电路性能。例如，8 位字长的微处理器有 8 位的寄存器，每次能处理 8 位的数据，因此被称为"8 位处理器"。有更大字长的处理器能够在每个处理器周期内处理更大的数据，因此字长越长计算机性能越好。

目前的个人计算机通常都带有 32 位或 64 位的处理器。

（3）高速缓存（Cache Memory）的容量。

高速缓冲存储器（Cache Memory），有时也称为"RAM 缓存"或"缓冲存储器"。它是一种具有很高速度的特殊内部存储器，是位于 CPU 与内存之间的临时存储器，与安装在主板上其他位置的内存相比，它能够使微处理器更快地获得数据。缓存的容量通常用 KB 来描述。理论上讲，缓存容量越大处理速度就越快。缓存分为两个等级：一级缓存（Level 1 cache，L1）被安装在处理器芯片内部，而二级缓存（Level 2 cache，L2）则存在于另一个芯片中，需要处理器花长一点时间才能获得数据。

高速缓冲存储器中的数据事实上是内存中的一小部分，但这一小部分是短时间内 CPU 即将访问的，当 CPU 调用大量数据时，就可避开内存直接从缓存中调用，从而加快读取速度。缓存的工作原理是当 CPU 要读取一个数据时，首先从缓存中查找，如果找到就立即读取并送给 CPU 处理；如果没有找到，就用相对慢的速度从内存中读取并送给 CPU 处理，同时把这个数据所在的数据块调入缓存中，可以使得以后对整块数据的读取都从缓存中进行，不必再调用内存。

在目前的计算机中，缓存的容量通常与某种处理器的品牌和型号密切相关。

（4）指令系统。

微处理器的基本任务是解释执行指令代码，不同的指令集合是 CPU 间的主要差别。

一条指令最基本的形态可表示为：操作码 OP+地址码 AD，一是要求 CPU 做何种操作，二是给出与操作数有关的信息，如操作数本身、来源、存放结果位置等。

对指令数目和寻址方式都做出精简处理，使之实现更容易，指令并行执行程度更好。编译器的效率更高的指令集合，称为精简指令集RISC（Reduced Instruction Set Computer，RISC），这种指令集的特点是指令数目少，每条指令都采用标准字长、执行时间短、中央处理器的实现细节对于机器级程序是可见的。带有有限的简单指令集的微处理器使用的是精简指令集的计算机技术。

一条指令中含有尽可能多的操作命令信息，这样每条指令执行起来都需要几个时钟周期。带有这样的指令集的微处理器使用的是复杂指令集（Complex Instruction Set Computer，CISC）的计算机技术。

RISC 处理器比 CISC 处理器执行大多数的指令都快。然而，要完成同样的任务，RISC 比 CISC 也要用到更多的简单指令。理论上讲，RISC 处理器要比 CISC 处理器速度快。现在 Mac（苹果电脑）的大多数处理器都采用 RISC 技术，而大多数的 PC 机都采用 CISC 技术。

3. 种类

在表 1-5 中的处理器型号 Intel Xeon E5-1620 表明了此微处理器的生产厂家是 Intel。世界上生产 CPU 的有 Intel、AMD、Cyrix、TI 等公司。

Intel 是世界上最大的芯片制造商，相当一部分PC 机的微处理器都是由它提供的。1971 年，Intel 推出了世界上第一个微处理器——Intel 4004。此后，从支持早期的 IBM PC 机的 Intel 8088 开始，这个公司连续生产出了一系列的新型处理器。Intel 不断地升级换代它的奔腾处理器系列。表 1-5 中的 Intel Xeon E5-1620 是 Intel 公司推出的"至强"系列 64 位四核微处理器，主频达 3600MHz。

在 PC 机芯片市场上，AMD（高级微型设备）公司是 Intel 的主要竞争对手。它生产的微处理器的工作性能和 Intel 芯片相当，但是价格更低一些。AMD 的 Athlon 和 Opteron 处理器是 Intel 奔腾系列和 Itanium 系列最直接的竞争对手，而且从某些性能指标上讲还有些许优势。

在目前的市场上，随计算机一同出售的微处理器能够满足大多数的商业、教学和娱乐的需要。

1.3.4　内存储器

内存是计算机系统最重要的配件之一，它的性能高低、容量大小、质量好坏直接影响整个系统的性能以及稳定性。内存从物理结构上看，是由一组或多组具备数据输入输出和数据存储功能的集成电路组成的，用于存放计算机运行时的指令系统和需要处理的数据。

内存储器通常又分为随机存储器（Random Access Memory，RAM）和只读存储器（Read-Only Memory，ROM）。

1．随机存储器

RAM 是一块能够暂时存储数据、应用程序指令和操作系统的固定区域。在微型计算机中，RAM 通常由几块芯片或几个小电路板组成内存卡，一般都插在计算机系统主板的内存插槽中。不同的 RAM 在速度、生产技术和构造上都有很大差异。同步动态随机存储器（Synchronous Dynamic RAM，SDRAM）速度很快，价格相对便宜。动态随机存储器（Rambus Dynamic RAM，RDRAM）是 Rambus 公司的产品，通常比 SDRAM 价格高，但是 RDRAM 常配有 1 GHz 以上的微处理器，因此它的整体系统性更好。

在 RAM 中，用一些微小的称为电容（Capacitor）的电子元件来保存代表数据的位。一个充了电的电容"被打开了"，代表一个位"1"；一个没充电的电容"被关闭了"，代表一个位"0"。每一个电容存储体都是一个基本的存储单元，都保存着 8 个位——1 个字节的数据。RAM 给每一个存储单元都标上地址，以帮助计算机按照处理的需要来查找数据。通过改变电容的充放电就能改变 RAM 中保存的内容。和磁盘存储器不同的是，大多数的 RAM 都是易丢失的，这就意味着它必须要有电源才能保存数据。如果计算机被关机或是电源断电，那么所有存储在 RAM 中的数据都会立刻并永远地消失。

当打开电源启动计算机后，RAM 总要存储一些用于控制计算机系统基本功能的操作系统指令，并始终存储在那里，直到关闭计算机为止。当运行计算机程序时，原始数据和用于处理该数据的程序指令将首先被读入 RAM 内存中，然后交由 CPU 开始执行，并且处理过程的中间结果和最终结果也将保存在该内存中，最终才能保存到外存储器中。也就是说，内存总会和 CPU 之间频繁地交换数据，没有内存，CPU 的工作将难以开展，计算机也无法启动。

一般的计算机说明书至少都会列出计算机 RAM 的容量，目前主流的微型计算机通常都带有 1GB～4GB 的 RAM。计算机所需 RAM 的容量取决于在此计算机上运行的软件。按照惯例，软件的外包装上都标有所需 RAM 的容量。如果需要更大的 RAM，可以购买并安装更多的内存，但是不能超过计算机生产商规定的上限，如表 1-5 中所列计算机配置的内存容量是 8GB，支持插入 8 条内存条（8×DDR3 DIMM），如有必要，可扩展为 128GB。

内存的速度快，但其价格较贵，所以一般计算机不可能配置太多，通常把程序等大量数据放在外存上，在用到时才调入内存。当然，为了更好地运行程序和软件，微型计算机的操作系统都会采用虚拟内存（Virtual Memory）技术，实现 RAM 空间的有效分配。

虚拟内存是操作系统在硬盘上划定的一个特殊区域。如果一个程序的所需超出了被分配的 RAM 空间，操作系统会使用虚拟内存的硬盘区域把这个程序的一部分和数据文件保存起来，直到它们被需要为止。通过有选择地把存储在 RAM 中的数据和存储在虚拟内存中的数据互换，计算机可以有效地获得几乎无限的内存容量。然而，虚拟内存是从硬盘这样的机械设备上获得数据，显然要比从 RAM 这样的电子设备上获得数据慢得多。

2. 只读存储器

ROM 是一种用于存储计算机的开机例行程序的内存电路，它被安装在一块插在主板上的独立的集成电路中。

当打开计算机时，微处理器有了供电就开始准备执行指令。但是在电源被切断时，RAM 是空的，其中不能保存任何用于让微处理器执行的指令。ROM 中存储着一套称为基本输入/输出系统（Basic Input/Output System，BIOS）的指令集合。这些指令告诉计算机如何读写硬盘，如何在硬盘上找到操作系统并把它装载到 RAM 中。只有操作系统成功装载到 RAM 中，计算机才能接收使用者的输入，才能显示输出、运行软件和存取数据。

RAM 存储的数据是暂时的、易丢失的，而 ROM 存储的数据是长久的、不易丢失的。ROM 电路存储着"被固化了的"指令，这些指令是电路永久的组成部分，即使在计算机断电时，它们也保存在原位而不会丢失。ROM 里的指令是长久性的，改变指令的唯一方法就是把 ROM 芯片换掉。

3. CMOS 存储器

为了正确地执行操作，计算机必须有一些关于存储设备、内存和显示器配置的基本信息。例如，计算机运行时需要知道可用内存有多少，以便能够为想要运行的所有程序分配内存空间。由于 RAM 在计算机断电时就空了，所以配置信息不可能存储在 RAM 中。同样，ROM 保存的数据是永久性的，配置信息一旦保存在 ROM 中就无法更改，例如，虽然实际上可以通过插入内存卡方式增加计算机的内存容量，但却不能更改 ROM 中关于内存容量的说明，无法告知操作系统新增了内存。

CMOS 存储器就是存储计算机基本硬件设置信息的存储器。CMOS 即互补金属氧化物半导体存储器，它是一种只需要很少的电量就能够保存数据的芯片。CMOS 通过集成到主板上的一块小电池供电，而且电池在计算机开机后会自动充电。在计算机关机时，电池向 CMOS 芯片逐渐地释放电量，使得它能够保存关于计算机系统配置的重要数据。

当计算机系统配置改变时，比如增加了 RAM，CMOS 中的相应数据必须要加以更新。一些操作系统能够识别出这些变化并自动执行这一更新操作。也可以通过运行 CMOS 设置程序来人工手动改变它的设置，如图 1-12 所示。

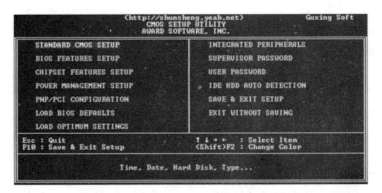

图 1-12　计算机 COMS 设置窗口

在 CMOS 的设置窗口，可以按照屏幕上的指示进行设置。按 Esc 键退出 CMOS 设置程序，不会对 CMOS 的设置作任何更改。

尽管 ROM 和 CMOS 在计算机的正常运转上起着重要的作用，但是只有 RAM 的容量大小不同时才能真正觉察到计算机性能的差别。表 1-5 中列出了该计算机有关内存的三个信息：①内存容量 8GB；②内存类型 ECC DDR3；③最大内存容量 128GB，8×DDR3 DIMM，都是对 RAM 的容量、类型的说明。

1.3.5　外存储器

由于主存（内存）容量有限（受地址位数、成本、速度等因素制约），大多数计算机系统中都设置有一级大容量存储器，如磁盘、光盘等，作为主存的补充。虽然它们中的大部分都安装在主机箱内，但它们位于传统主机的逻辑范围以外，常称为外存储器，简称外存。

外存的优点是价格便宜，存储容量大，并能永久保存信息；缺点是存取速度慢，且 CPU 不能直接执行存放在外存中的程序。

1. 存储的原理和技术

计算机是用 0 和 1 编码构成的位序列形式的数据来工作的。当数据被保存时，这些 1 和 0 必须转换成某种存储介质表面上相当稳固的，但在必要时也可被更改的信号或是标记形式。

数据存储系统主要包括两个元件：存储介质和存储设备。存储介质（Storage Medium）指的是磁盘、磁带、CD、DVD、纸或其他存储数据的物质；存储设备（Storage Device）指的是向存储介质中记录和从存储介质中检索数据的机械设备。存储设备包括软盘驱动器、ZIP 驱动器、硬盘驱动器、磁带驱动器、CD 驱动器和 DVD 驱动器。

（1）存储技术。

微型计算机常用的两种存储技术是磁存储技术和光存储技术。

1）磁存储技术。

硬盘、软盘和磁带存储器归属为磁性存储器（Magnetic Storage），它们通过把盘或带表面上的微小颗粒进行磁化来存储数据。这些小颗粒将保持它们的磁性性质，直到被改变为止，从而使这种盘或带成为既能长久保存数据又能修改数据的存储介质。磁盘驱动器中的读写磁头（Read-Write Head）用来读取或写入磁性微粒代表的数据。通过改变盘表面上相应微粒的磁性性质就可以很容易地改变或删除这种以磁性来存储的数据。

磁性存储器的这种特性对于编辑数据和对保存着无用数据的存储介质区域的再利用提供了很大的灵活性。

存储在磁性介质上的数据可能会受磁场、灰尘的影响，会因发霉、受烟熏、受热或因存储设备出现机械问题而被改变。磁性介质会逐渐失去其磁性而导致数据丢失，一些专家预计存储在磁性介质上的数据的可靠使用寿命是 3 年，他们建议人们每两年就要通过复制的方法来刷新数据。

2）光存储技术。

CD 和 DVD 可以归属为光存储器（Optical Storage），这种存储器用盘表面上的小亮点和小暗点来存储数据。小暗点——磁盘表面上凹陷的区域，叫做坑（Pit）；小亮点——磁盘表面上非凹陷的区域，叫做陆（Land）。光存储器因使用激光来读取数据而得名，存储在光盘上的数据要靠使用低亮度激光的光存储设备来读取。

与磁性介质相比，记录在光介质上的数据通常不易受环境影响而遭到破坏，一张 CD-ROM

盘的使用寿命预计可以超过 500 年。

（2）"读"、"写"数据。

CPU 不能直接运行外存中的程序和数据，只有当外存中的数据和程序调入内存后才能运行。对于内存，CPU 可按字或字节访问、处理；对于外存，以文件为一次调用单位。数据需要从外存被复制到 RAM 中才能被处理。数据被处理完后，仍然暂时存储在 RAM 中。为了能更加长久、完整地对数据进行保管，通常要把存储在 RAM 中的数据复制到外存储介质中。内存与外存之间的数据传送称为"读""写"操作：内存数据存入外存，称为"写入"数据；外存中的数据调入内存，称为"读取"数据。

将数据存储到外存的过程常被称为"写数据"或"保存文件"，因为存储设备要把数据写到存储介质上，妥善保存以备后用。将数据调入到内存的过程常被称为"读数据"、"装载数据"或"打开文件"，因为需要存储设备从外存中检索数据。

"读数据"和"写数据"这两个词经常和大型计算机的应用程序相联系。"保存"和"打开"这两个词是标准的计算机用语。

（3）存储技术的比较。

每个存储技术和它的存储系统都既有优点又有缺点，对其进行比较应遵循以下 4 个标准：通用性、耐久性、速度和容量。

1）通用性。

一些存储设备只能从一种介质上存取数据，另一些通用性强的存储设备可以从几种不同的介质上存取数据。例如，软盘驱动器只能从软盘上读写数据，而 DVD 驱动器可以读取计算机 DVD、DVD 影碟、音频 CD、计算机 CD 和 CD-R 上的数据。

2）耐久性。

大多数的存储技术都容易受到误操作或其他环境因素的影响，如受热和受潮。有一些存储技术要好一些，如光存储技术就比磁存储技术好，不易因受破坏而导致数据丢失。

3）速度。

快速存取数据很重要。衡量速度有两个指标：一是存取时间，二是数据传输速率。

存取时间（Access Time）指的是一台计算机在存储介质上查找数据和读取数据所花费的时间。个人计算机存储设备的存取时间是以 ms 来衡量的，1 ms 是一秒的一千分之一。存取时间数字越小说明存取时间越短。随机存取（Random Access，亦称直接存取）设备，如软盘、硬盘、CD 和 DVD 的驱动器，能够直接"跳"到所需数据所在的位置，存取时间较短。相反地，顺序存取（Sequential Access）设备，如磁带驱动器，必须采用从磁带开头顺序地获得数据，存取时间相对较长。

数据传输速率（Data Transfer Rate）指的是每秒钟存储设备能够从存储介质上获得的数据总量，数值越大表明传输速率越快。例如，带有 600Kbps（每秒千字节）数据传输速率的 CD-ROM 驱动器比带有 300Kbps 传输速率的 CD-ROM 驱动器要快。

（4）容量。显然，现在的计算机环境中，一般容量越大越受欢迎。存储容量指的是能够存储到介质上的数据的最大量，它通常以 KB、MB、GB 或 TB 为单位。

2. 软盘

软盘存储器由软驱和软盘片组成。常见的软盘是 3.5 英寸规格的，按其存取的数据面分为单面盘和双面盘，按存储密度分为单密度、双密度、高密度等。

一张软盘盘片上的信息按磁道和扇区进行存储。磁道是一些同心圆，其编号从外向里，最外一条磁道编号为 0 磁道，每条磁道分成若干等长区段，每一等长区段称为一个扇区（每一个扇区的容量为 512B），每条磁道上的扇区数是相同的，一条磁道的扇区数由操作系统决定。每张盘片容量的计算方法为：盘片面数×磁道数×扇区数×每扇区字节数。如 3.5 英寸的磁盘一般都是高密盘，它有 80 个磁道、18 个扇区，每扇区可存储 512B，故总容量为：2 面×80 磁道×18 扇区×512B=1474560B，即 1.44MB。如图 1-13 所示是软盘及其磁道和扇区示意图。

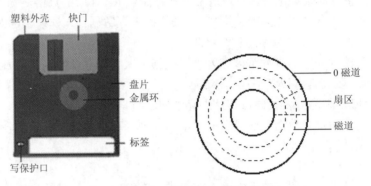

图 1-13　软盘及其磁道和扇区

软盘有一个写保护口，写保护的作用是防止由于意外写操作而破坏原来存储的信息。3.5 英寸软盘的写保护方式是移动滑片使写保护口透光时便禁止数据的写入。

软盘存储容量有限。虽然 Lomega 公司生产的 ZIP 盘有 100MB、250MB 和 750MB 几种样式，Lmation 公司生产的超级软盘有 120MB 和 240MB 两种容量，但是标准的软盘驱动器却不能读取它们上面的数据。个人计算机上大都使用 1.44MB 容量的 3.5 英寸软盘，这类软盘能够存储 1440000 字节的数据。同时，由于软盘驱动器是一种速度很慢的设备，以及其他一些缺陷，所以随着 U 盘等新兴存储设备的普及，软盘存储器就基本退出市场了。

3. 硬盘

硬盘存储器简称硬盘，英文全称是 Hard Disk，直译为坚固的磁盘，是当今计算机中应用最为普遍的数据存储器，如图 1-14 所示。

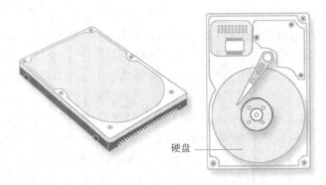

图 1-14　硬盘

（1）硬盘工作模式。

硬盘技术于 1956 年由 IBM 公司首先发明，当时第一块硬盘容量只有 5MB。后来，在发展了近 20 年后，IBM 公司推出了 Winchester 硬盘，开启了现代硬盘的时代。

硬盘包括一片或多片盘片及和这些盘片相关联的读写磁头。硬盘的盘片（Hard Disk

Platter）是一种铝制或玻璃制的扁平、坚硬的磁盘，其表面上覆盖着磁性金属氧化物微粒。它在不进行数据读写的时候，磁头悬浮在高速转动的盘片上方，而不与盘片直接接触；读写数据的时候，磁头在高速旋转的盘片上做径向移动。硬盘在存储数据时，先同时向硬盘所有盘片的同一条磁道的同一位置存储数据，然后再把读写磁头移到下一个位置，这样垂直的一堆存储盘片就称为柱面（Cylinders），这是硬盘驱动器的基本存储容器。

硬盘驱动器结构中包括一个叫做控制器（Controller）的电路板，用来给磁盘定位和帮助读写磁头查找数据。目前较流行的驱动控制器有超级 ATA、EIDE 和 SCSI。超高级技术附件（Ultra AT Attachment，UATA）和增强型集成驱动电路（Enhanced Integrated Drive Electronics，EIDE）本质上使用的是同一种基本的驱动技术。它们都具有大的存储容量和快的数据传输速率。超级 ATA 驱动器普遍配置在个人计算机中，它的速度相当于 EIDE 的两倍。小型计算机系统接口（Small Computer System Inter-face，SCSI）驱动器的性能要比 EIDE 驱动器的性能强一些，通常配置在高性能的工作站或服务器上。

许多 PC 机都采用这样的存储技术：首先通过控制器把磁盘上的数据传输到处理器中，然后再送到 RAM 中，这时数据才真正开始被处理。而直接存储访问（Direct Memory Access，DMA）技术允许计算机把数据直接从驱动器传到 RAM 中，而不用经过处理器。DMA 技术把处理器从传输数据的任务中解脱了出来，可以完成其他的任务。

超级 DMA（Ultra DMA，UDMA）是一种快速的 DMA 技术。DMA 和超级 ATA 是相伴而生的技术。一般 PC 机的存储结构都要配置一对超级 ATA 驱动控制器以实现超级 DMA 数据传输。

（2）硬盘容量。

硬盘的首要性能指标是容量。一个硬盘一般由多个盘片组成，盘片的每一面都有一个读写磁头。硬盘使用时要对盘片进行格式化，划分成若干磁道（称为柱面），每个磁道再划分为若干扇区。硬盘容量的计算公式为：

硬盘容量=磁头数×柱面数×每磁道扇区数×512B

现在的硬盘容量已很高，一般都可达 40GB 以上，TB 级的也不再稀奇。在硬盘的容量方面值得注意的是，硬盘的标称容量是生产厂商按照 1GB=1000MB 计算的，而在操作系统和计算机的自检中是按照 1GB=1024MB 计算的，因此用户在 BIOS 中或在格式化硬盘时看到的容量会比厂家的标称值小。

（3）硬盘转速。

硬盘的另一个重要的性能指标是硬盘转速（rpm），也就是指硬盘内部主轴马达的转动速度。较高的转速可缩短硬盘的平均寻道时间和实际读写时间，从而提高硬盘的运行速度。也就是说它的快慢在很大程度上决定了硬盘的速度，硬盘的转速越快，硬盘寻找文件的速度也就越快，相对地硬盘的传输速度也就得到了提高。个人计算机硬盘的转速主要有两种：5400 转和7200 转。

（4）硬盘特点。

硬盘中的读写磁头悬在磁盘表面上，距离盘面只有很小的距离。如果读写磁头碰到一个灰尘颗粒或是磁盘上的一些其他的脏东西，就可能会导致磁头划道（Head Crash）。磁头划道会破坏磁盘上的一些数据。为了防止污物接触盘片并导致磁头划道，硬盘都被塑封在盘盒里。硬盘使用时如果受到震动也可能引起磁头划道。

尽管近年来硬盘变得越来越坚固耐用，但是硬盘使用时要注意避免震动，以免损坏盘片，造成整个硬盘存储器报废。

硬盘具有容量大、读取速度快、不易损坏等特点，它有着其他存储器所不可比拟的优势，所以成为微机的主要配置之一。但硬盘一般固定在机箱内，不能像软盘、U 盘、光盘等那样方便携带。

（5）RAM 和计算机的硬盘存储器。

RAM 和计算机的硬盘存储器都是个人计算机必备的重要部件。硬盘上的数据只有传输到 RAM 中，处理器才能开始处理数据。

RAM 和计算机的硬盘存储器的区别在于：①RAM 把数据保存在电路中，而硬盘存储器把数据保存到磁性介质上；②RAM 是暂时性存储器，而硬盘保存数据更长久一些；③RAM 的存储容量通常比硬盘的小。

4. 光盘

光盘存储器是一种利用激光技术存储信息的装置，如图 1-15 所示。光盘存储器由光盘片和光盘驱动器构成。由于光盘具有存储密度高、容量大的优点，又易于长久保存，因此为多媒体信息的存储提供了强有力的载体，光盘技术成为多媒体技术发展的主要手段和保证。CD 光盘驱动器的一倍速传输率为 150KB/s，一张 120mm 的 CD 光盘存储容量达 680MB。

目前用于计算机系统的 CD 光盘可分为：只读型光盘（CD-ROM）、一次写入型光盘（CD-R，也称 WORM）、可擦除型光盘 CD-RW。

（1）只读型光盘 CD-ROM。

CD-ROM 光盘片是用特殊的透明塑料或有机玻璃制成的，上面附着一层金属薄膜用来记录信息。光盘的数据存储不是杂乱无章的，而是记录在数据轨道中的。数据轨道的形状为阿基米德螺旋线。当高能量激光光束照射到光盘表面时，会使照射处的金属膜熔化而形成一个凹坑（沟），没有照射到的地方相对于凹坑来说就是凸起（岸）。光盘表面金属膜的岸沟两种状态的交替变化就记录了二进制的"0"和"1"，由沟到岸或由岸到沟的跳变处记录数据"1"，沟内或岸上处记录数据"0"。光盘表面金属膜上的这种凹凸不平的小坑是一种不易改变的物理状态，它记录的信息是永久的，不能改变。

图 1-15　光盘

（2）一次写入型光盘 CD-R（WORM）。

这种光盘可由用户一次写入、多次读出，可代替磁盘作为计算机的后援装置。用 WORM（Write Once Read Memory）光盘作计算机外存，因具有更换性而消除了联机存储容量的限制。目前 WORM 光盘在自动换盘系统、大的数据采集中心、医疗、金融、法律、旅馆服务以及航空、军事等领域中使用。

（3）可擦除型光盘 CD-RW。

CD-RW 可多次写入、多次读取。CD-RW 盘可以视作软盘，可以进行文件的复制、删除等操作，方便灵活。

（4）其他外部存储器——DVD 数字通用光盘。

DVD（Digital Versatile Disc）即数字通用光盘，DVD 集计算机技术、光学记录技术和影视技术等为一体，可以满足用户对大存储容量、高性能存储媒体的需求。DVD 光驱的一倍速为 1350KB/s，一张 DVD 光盘的容量可达 4.7GB 甚至更高，DVD 向下兼容 CD、VCD 和 CD-ROM 等格式的光盘。类似于 CD 光盘，DVD 光盘也分为 DVD-ROW、DVD-R、DVD-RW 等应用于微机的类型。

5. 移动硬盘

移动硬盘（Mobile Hard disk）是以硬盘为存储介质，在计算机之间交换大容量数据，强调便携性的存储产品。因为采用硬盘为存储介质，因此移动硬盘在数据的读写模式上与标准 IDE 硬盘是相同的。外置硬盘的雏形就是 2.5 英寸超薄笔记本硬盘加上硬盘盒。

移动硬盘是目前最为流行的移动存储产品之一，它的崛起伴随着 USB 2.0 和 IEEE 1394 接口的不断普及。

移动硬盘的容量同样是以 MB（兆）和 GB（千兆）为单位的，目前移动硬盘大多提供 10GB、20GB、40GB、60GB、80GB 的容量，随着技术的发展，更大容量的移动硬盘还将不断推出。

6. U 盘

U 盘也称优盘、闪存盘、拇指盘。它是一种可移动的外存储设备，采用 USB 接口，不需要物理驱动器，只要将它插入计算机上的 USB 接口就可以独立地存储读写数据。USB1.1 的最高数据传输率为 12Mbps，USB2.0 则提高到 480Mbps。一般的 U 盘容量有 1GB、2GB、4GB、8GB、16GB、32GB 等。

U 盘采用 EPROM（Electrically Programmable Read-Only-Memory，电可擦可编程只读存储器）半导体存储器，其控制原理是电压控制栅晶体管的电压高低值，栅晶体管的结电容可长时间保存电压值，也就是 USB 断电后也能保存数据的原因。

U 盘的特点是小巧便于携带、存储容量大、价格便宜，已经替代软盘、光盘等成为最主要的便携存储器。如今 U 盘还可以代替光驱成为系统安装的一种新工具。

7. 磁带

新生产的计算机几乎没有配备磁带驱动器的，但它却是备份数据的最好设备。

硬盘中的数据很容易因磁头划道而遭到破坏，而且硬盘的容量是有限的。而磁带可能有成百上千甚至成千上万英寸长，理论上可扩展为海量存储器。

磁带是一种顺序存取而不是随机存取的存储介质。从本质上讲，数据是一条长长的位序列串，它始于磁带的一端，一直延伸到磁带的另一端。每个文件的头部和尾部都标有特定的"头标签"。要查找一个文件，磁带驱动器必须从磁带的一端开始，一直读取所有的数据，直到找到正确的头标签为止。因此，它的存储时间是以 s 来计算的，而不像硬盘驱动器那样以 ms 来计算。

磁带备份相对来说较廉价，如果有硬盘的一份磁带备份，可以把磁带中的数据复制到任何可用的硬盘上。尽管磁带驱动器是一种很好的备份设备，但由于磁带的速度太慢，所以它并不适合用来完成每天的存储任务。

1.3.6　输入输出设备（I/O 设备）

输入输出设备是实现计算机系统与人或其他设备、系统之间信息交换的装置，人们常用数字、字符、文字、图形、声音等形式来表示各种信息，而计算机所能处理的是以电信号形式表示的数字代码。因此，需要由输入设备将各种原始信息转换为计算机所能识别处理的信息形式，并输入计算机；由输出设备将计算机处理的结果转换为人或其他系统所能识别的信息形式，并向外输出。在逻辑划分上，习惯上将 CPU 与主存称为主机，而 I/O 设备位于主机范畴之外，所以又称为外部设备或外围设备，简称外设。为增强计算机系统功能，计算机系统所配置的输入输出设备越来越多。在整个计算机硬件系统中，计算机输入输出设备约占总成本的70%以上。

这里所定义的输入输出设备，以主机作为基准点，送入主机称为输入，由主机送往外部称为输出。键盘、鼠标是输入设备，数码相机、数码摄像机、摄像头、语音话筒以及游戏操作杆等也是输入设备。还有一些光学设备，如扫描商品条码的光电阅读器、用于信用卡支付的POS（Point Of Sells）机、光笔等也是较为常见的输入设备。广泛使用的非接触式功能卡，如信用卡、校园卡、交通卡上的 RFID（Radio Frequency IDentification，射频识别，也称为智能卡、电子标签）由耦合元件及存储或处理器芯片组成，其读卡器也是计算机的输入设备。用于图像扫描的扫描仪、传真机也可以归类为输入设备。输出设备也有很多种，显示器、打印机、音箱是典型的输出设备。

还有一些设备兼具输入输出的功能，既是输入设备又是输出设备。如触摸屏，屏幕既是显示输出的设备，又在其屏表面安装了一种能够感应手指或其他物体触摸的透明膜，将感应信息作为输入信息传送到计算机中，是输入设备。将复印、传真、扫描、打印输出等功能集于一体的"多功能一体机"也兼备输入输出的功能。

1. 扩展槽、扩展卡、接口

在计算机内部，数据是通过一种叫做数据总线（Data Bus）的电路从一个元件传输到另一个元件的。数据总线的一部分用来连接 RAM 和微处理器，另一部分用来连接 RAM 和各种不同的存储设备。连接 RAM 和输入输出设备的那段数据总线称为扩展总线（Extension Bus）。在数据输入和输出时，由于数据是沿着扩展总线走的，所以它可能会经过扩展槽、扩展卡、接口和电缆。

（1）扩展槽、扩展卡。

扩展槽（Expansion Slot）是主板上用于固定扩展卡并将其连接到扩展总线上的一种又长又窄的插座，也叫扩展插槽、扩充插槽等。大多数的个人计算机都有 4～8 个扩展槽，但是通常其中的一些扩展槽已经插有扩展卡了。扩展卡（Expansion Card）是一块小电路板，它能让计算机对存储设备、输入和输出设备加以控制，如显卡、声卡、视频捕捉卡、调制解调器或网络接口卡等。显卡（有时也称视频卡或图形卡）提供了一条把数据传送到显示器的路径；调制解调器提供了一条把数据通过电话线或有线电视线发送出去的路径；声卡把数据送到外部的扬声器或耳机上，或从麦克风中取回数据；网卡将计算机连接到网络上。

扩展槽是一种添加或增强计算机特性及功能的方法。例如，不满意主板整合显卡的性能，可以添加独立显卡以增强显示性能；不满意板载声卡的音质，可以添加独立声卡以增强音效；不支持 USB 2.0 或 IEEE 1394 的主板可以通过添加相应的 USB 2.0 扩展卡或 IEEE 1394 扩展卡以获得该功能等。扩展槽如图 1-16 所示。

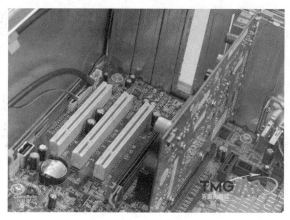

图 1-16　扩展槽

目前扩展插槽的种类主要有 ISA、PCI、AGP、CNR、AMR、ACR 和比较少见的 WI-FI、VXB，以及笔记本电脑专用的 PCMCIA 等。

1）ISA（Industrial Standard Architecture，工业标准结构）扩展槽。

ISA 扩展槽属于较老的技术，现在只用于一些调制解调器和其他一些速度相对较慢的设备。许多新生产的计算机根本没有 ISA 插槽。

2）PCI（Peripheral Component Interconnect，外部元件互连）扩展槽。

PCI 扩展槽具有较高的数据传输速率和 32 位或 64 位的数据总线。这种插槽通常用于安插图形卡、声卡、视频捕捉卡、调制解调器或网络接口卡。

3）AGP（Accelerated Graphics Port，加速图形接口）扩展槽。

AGP 扩展槽是在 PCI 总线基础上发展起来的，针对图形显示方面进行了优化，是一条高速的数据传输路径，主要用于安插专门的图形显示扩展卡。

4）PCMCIA（Personal Computer Memory Card International Association，个人计算机内存卡国际联盟）扩展槽。

大多数的笔记本电脑都配有一种特殊的外部扩展槽，叫做 PCMCIA 扩展槽。通常来说，一台笔记本电脑只有一个这样的扩展槽，但是这个扩展槽可以与多种 PC 卡（PC Card，也称"PCMCIA 扩展卡"或"卡总线卡"）相匹配。PCMCIA 扩展槽可以按照 PC 卡的厚度来分类，第一种类型的扩展槽只能接受最薄的 PC 卡，例如内存扩展卡；第二种类型的扩展槽可接受大多数常用的 PC 卡，包括调制解调器、声卡和网卡；第三种类型的扩展槽通常只有现代的笔记本电脑中才有，它是用来安插最厚的 PC 卡的，如硬盘驱动器。第三种类型的扩展槽也能容纳两个第一种类型的卡、两个第二种类型的卡或一块第一种类型和一块第二种类型的卡。

（2）扩展接口与输入输出设备的连接。

扩展接口指的是用来向计算机或外设输入数据或者从计算机或外设向外输出数据的任何连接器。扩展接口常被固定在扩展卡上，一般都从机箱后面的矩形剪切口中伸出来。

扩展接口也可能被内置在计算机或笔记本电脑系统单元的机箱内，计算机通常都带有鼠标接口、键盘接口、串行口和 USB 接口这些内置式接口，如图 1-17 所示。

如果外设带有配套的电缆，那么通过把电缆连接器和接口的形状相对照，就很容易实现外设与主机的连接。

图 1-17　扩展接口

大多数的电缆连接器上都标有关于形状和帧数的指示信息，如 DB-9 或 C-50。指示信息中的第一部分用来说明连接器的形状。例如，DB 和 C 连接器是不规则四边形的，而 DIN 连接器是圆形的。指示信息的第二部分用来说明连接器针脚的个数，一个 DB-9 连接器有 9 个针脚。大多数的连接器都有雄性和雌性两种式样，雄性连接器是凸出的针脚，而雌性连接器是凹陷的针孔洞。

目前，USB 接口是用于连接外设的最受欢迎的接口。许多外设都可以与 USB 接口进行连接，包括鼠标、扫描仪和游戏控制杆等。Windows 操作系统对大多数的 USB 设备都能够自动识别。

现在的 PC 机都具有即插即用（Plug and Play，PnP）的特性，将外部设备首次通过电缆和扩展槽、扩展卡连接到主机系统时，操作系统会自动识别接入设备，并安装或提示安装这台设备的驱动程序，必要时需要使用一次外部设备所附的驱动程序盘。如果外部设备没能正常安装，计算机操作系统就不能识别外设，不能给它发送数据，也不能接收来自它的数据。

2. 键盘、鼠标

（1）键盘。

键盘是计算机最常用的一种输入设备，不管是写入字母还是数字数据，键盘都是向计算机中输入信息的主要方式。

键盘实际上是组装在一起的一组按键矩阵，如图 1-18 所示。当按下一个键时就产生与该键对应的二进制代码，并通过接口送入计算机，同时将按键字符显示在屏幕上。

图 1-18　键盘

（2）鼠标。

鼠标器（Mouse）简称鼠标，是一个形似老鼠的塑料盒子。鼠标一般有两个按钮："主要按钮"（通常为左按键）和"次要按钮"（通常为右按键）。通常情况下将使用主要按钮。大多数鼠标在按键之间还有一个"滚轮"，帮助使用者自如地滚动文档和网页。在有些鼠标上，按下滚轮可以用作第三个按钮。高级鼠标可能有执行其他功能的附加按钮。如图 1-19 所示是常见的鼠标器。

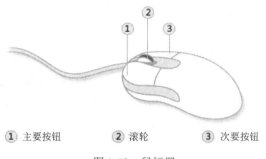

① 主要按钮　　② 滚轮　　③ 次要按钮

图 1-19　鼠标器

3. 显示器

计算机显示系统中的两个关键部件是图形显示卡和显示器，显示器按工作原理及主要显示器件的不同可分为：阴极射线管（Cathode Ray Tube，CRT）显示器、液晶显示器（Liquid Crystal Display，LCD）、等离子显示屏（Plasma Display Panel，PDP）显示器、发光二极管（Light Emitting Diode，LED）显示器等。其中 CRT 显示器和 LCD 显示器是目前最流行的显示器，如图 1-20 所示是常见的 CRT 显示器和液晶显示器。

图 1-20　CRT 显示器和液晶显示器

CRT 技术使用一个喷枪状的装置直接向屏幕上喷射电子流，激活形成图像的个别色点；LCD 通过控制一层液晶单元内的光来产生图像。CRT 显示器是一种廉价的、可靠的计算机显示器，视角范围比 LCD 更大，颜色还原效果更好，更受制图员的喜欢。LCD 是笔记本电脑上的标准设备。由于其体积小、重量轻、显示清晰、辐射率低、携带方便和结构紧凑等优点，随着价格的下降，LCD 显示器现在已经成为当前计算机的主流配置。

（1）彩色 CRT 显示器的主要技术指标。

CRT 显示器是个人计算机系统中最早使用的显示器，它的主要技术指标有：

● 显像管类型。彩色 CRT 显示器所使用的显像管有球面显像管、平面直角显像管、柱面显像管、纯平面显像管 4 种。

- 屏幕尺寸与可视面积。显示器的屏幕尺寸是指荧光屏对角线长度，单位为英寸，一般屏幕尺寸为 13～21 英寸。在大多数的显示器上，可视图像不能一直延伸到屏幕的边缘，因而屏幕的黑边儿使实际显示的图像尺寸比标明的尺寸要小。
- 最大分辨率。显示器的分辨率表示的是在屏幕上从左到右扫描一行共有多少个点和从上到下共有多少行扫描线，即每帧画面的像素数。如 800×600 表示每帧图像由水平 800 个像素（点）、垂直 600 条扫描线组成。其最大值称为最大分辨率，是显示器画面解析度的重要标准，是由显示器在水平和垂直方向上最多可以显示点的数目决定的。
- 点距。点距是在显像管上同一颜色荧光点之间的距离。点距越小，显示器的清晰度越高，图像越鲜活，但同时成本也越高。目前点距规格主要有 0.25mm、0.26mm、0.27mm、0.28mm 等几种，而某些专业型显示器的点距达到了 0.20mm 或更小。对于一般家庭和商业应用，0.25mm 左右的点距就足够了。

（2）LCD 显示器的主要技术指标。

LCD 显示器是当前的主流显示器，它利用"液晶"跟"色彩过滤器"来显示图像，主要技术指标有：

- 可视面积。LCD 显示器的可视面积与 CRT 显示器不同，CRT 显示器的实际可视面积小于屏幕尺寸，但 LCD 显示器的屏幕尺寸实际上就是它的可视面积，也就是说 17 英寸 LCD 显示器的可视面积也是 17 英寸。
- 可视角度。可视角度是指操作员可以从不同的方向清晰地观察屏幕上所有内容的角度，一般而言，LCD 的可视角度都是左右对称的，但上下不一定对称，而且常常是上下角度小于左右角度。
- 分辨率。LCD 的分辨率与 CRT 显示器不同，一般不能任意调整，它是由制造商设置和规定的。分辨率是指屏幕上有多少像素点，一般用矩阵行列式来表示。现在 LCD 的分辨率一般是 800 点×600 行的 SVGA 显示模式和 1024 点×768 行的 XGA 显示模式。LCD 显示器在它的"初始分辨率"上显示效果最好，所谓"初始分辨率"指的是由计算机生产厂家设置的分辨率。
- 亮度。亮度影响的是 LCD 显示器的清晰度，亮度越高则屏幕所显示出来的画质会越亮丽，相反低亮度的 LCD 显示器就会产生朦胧的感觉。亮度用 cd/m^2（Candle/m^2）或 nit 作为衡量单位，也就是每平方米的烛光。目前大多数 LCD 显示器的亮度在 150 cd/m^2～400cd/m^2 之间。
- 响应时间.响应时间反映了液晶显示器各像素点对输入信号反应的速度，即像素由暗转亮或由亮转暗的速度。液晶显示器的响应时间以 ms（毫秒）为单位，响应时间越小，使用者在看运动画面时越不会出现尾影拖拽的感觉。

（3）图形显示卡。

显示器是通过图形显示卡与主机相连的，显示器必须与图形显示卡相匹配。图形显示卡（Graphics Card，也称图形卡或视频卡）的作用是用来产生在屏幕上显示图像的信号，其结构大体都差不多，都是由显示芯片、显示内存、RAMDAC、显示卡 BIOS、显示器接口、主板连接接口等几部分组成。

图形显示卡的发展过程中，先后出现了单色显示卡（Monochrome Display Adapter，MDA）、彩色图形显示卡（Color Graphics Adapter，CGA；16 色）、增强图形显示卡（Enhanced Graphics Adapter，EGA；16 色，从 64 种颜色中选取）、视频图形阵列显示卡（Video Graphics Array，VGA；16 色，从 262144 种颜色中选取）、高级视频图形阵列显示卡（Super VGA，SVGA；真彩 24 位）、扩展图形阵列显示卡（Extended Graphics Array，XGA；真彩 24 位）、高级扩展图形阵列显示卡（Super XGA，SXGA；真彩 32 位）和超级扩展图形阵列显示卡（Ultra XGA，UXGA；真彩 32 位）等。显示器和图形卡能够显示的颜色的最大种类数称为色度（Color Depth）或位深度。大多数的个人计算机都可以显示数百万种颜色。如果把色度设置为 24 位（有时称为"真彩色"），则计算机可以显示 160 多万种颜色，产生出可以认为是逼真的图像。大多数的个人计算机使用者都选择 24 位的颜色和 1024×768 的分辨率。

通常，根据显示卡的总线类型将其分为：工业标准结构总线（Industry Standard Architecture，ISA）显示卡、扩展工业标准结构总线（Extended ISA，EISA）显示卡、复合视频电子标准协会（Video Electronic Standard Association，VESA）显示卡、外部设备连接总线（Peripheral Component Interconnect，PCI）显示卡、高速图形接口（Accelerated Graphics Port，AGP）显示卡等。其中 AGP 显示卡还分为 AGP 1.0（AGP1 X 和 AGP 2X）、AGP 2.0（AGP 4X）和 AGP 3.0（AGP 8X）三种。

4. 打印机

打印机也是计算机常用的输出设备，它不但可以输出文字，还可以输出图形和图像。打印机的类型很多，按接口分有并口打印机、USB 接口打印机等，按打印机所使用的技术分主要有以下三种：

（1）针式打印机。

针式打印机是基于任何字符和图形都可以看成是由许多个点组成的这一原理而设计出来的。针式打印机的原理比较简单，它采用一个由纵向排列成单列或双列的钢针所组成的打印头，逐列、逐字、逐行地横向扫描。在需要打印处，钢针击打纸和色带，印出一个墨点，从而完成全部字符或图形的点阵打印。打印头中钢针的数目为单列 7 针、9 针或双列 18 针、24 针等。打印质量取决于字符点阵的格式，字符点阵越大，打印质量越高。点阵打印机的缺点是打印噪声大、速度慢、打印精度不高。

针式打印机的一个优点是可以打蜡纸。早期在一些小单位、学校中使用起来十分方便。比如一个学校要印一批试卷，可以先在微机上录入并排好版，然后用针式打印机打在蜡纸上油印即可。

（2）喷墨打印机。

喷墨打印机是把墨水加热到很高的温度，然后通过极细的喷枪喷射出来，在纸上喷出一个个的极细小点，从而组成文字和图像。喷墨打印机的精度比针式打印机高得多，工作时噪声低且能进行彩色打印。喷墨打印机的缺点是打印速度慢且打印成本高（主要是喷墨打印机所用的墨水比较贵）。

（3）激光打印机。

激光打印机是将激光扫描技术和电子照相技术相结合的非击打式印刷输出设备。其特点是打印质量好（印刷品质量）、速度快、噪声小，但是价格较高。激光打印机有单色激光打印机和彩色激光打印机之分。激光打印机虽然价格昂贵，但它是各种打印机中打印质量最好的，另外它的打印成本要比喷墨打印机便宜很多，是目前家庭和办公室优先选择购买的打印机。

1.4 计算机软件系统

计算机软件泛指各类程序和文件，它们实际上是由一些算法（是说明如何完成某任务的指令序列，也就是算法的程序体现）以及它们在计算机中的表示构成的，体现为一些触摸不到的二进制信息，所以称为软件。软件的实体主要表现为程序，因此有人简单地定义为：软件即程序。有些则主张将软件的含义描述得更广泛一些，把编写程序、维护运行程序所依赖的文件也归入软件范畴。按照这种概念，在系统中除去硬件实体的其余部分都可称为软件。

计算机系统是一个硬件和软件的综合体，以硬件为基础，通过配置软件扩充功能，形成一个相当复杂的有机组合的系统。软件的功能通过硬件才能体现出来，如光盘上的游戏是软件，必须通过计算机的硬件才能调出来玩。同样道理，硬件也离不开软件，一个不包含任何软件的计算机称为"裸机"，"裸机"是无法使用的。

在计算机系统中，各种软件的有机组合构成了软件系统。

计算机上的所有软件构成了计算机的软件系统。计算机软件系统一般有两类软件：

- 系统软件：为保证计算机系统良好运行而设置的基础软件，负责系统资源的管理，是计算机系统使用的一个部分。如操作系统类软件、语言处理程序、数据库管理系统、各种服务性支撑软件、各种标准程序库等。
- 应用软件：用户在各自的应用领域中，为解决各类问题而编写的程序，也就是直接面向用户需要的一类软件。如文档处理、图片处理、数据管理信息系统等。

1.4.1 软件包中的程序和数据文件

软件（Software）包括了用以提供指令的程序和提供必要数据的数据文件。一个计算机程序（Computer Program），或者简称为程序，是用来告诉计算机如何处理问题或执行操作的一组指令的集合。大多数的软件包至少包括一个可执行程序文件和数个支持程序以及相关的数据文件，这些程序和数据文件协同工作，共同完成指定的任务，例如文档的生成、视频编辑、图形设计和网页浏览等。

（1）可执行程序文件。

软件包提供一些由用户启动的计算机程序。通常情况下，这些程序被保存在以.exe 为扩展名的文件中，即"可执行文件"或"用户可执行文件"。

在使用安装有 Windows 系统的个人计算机时，通过单击图标来启动程序，也可以在"开始"菜单中选择要启动的程序，或是在"运行"对话框中输入程序的名称。

（2）支持程序文件。

有的软件包提供一些计算机程序，这些程序并不是由用户来执行。这种程序一般指的是"支持模块"，支持模块中包括了一组指令集合用于帮助计算机连接用户可执行文件，每个支持模块都存储在一个独立的文件中。主程序文件可以在需要的时候调用或激活一个支持程序。在 Windows 软件系统中，支持文件通常是以.dll 或.ocx 作为文件的扩展名。

（3）数据文件。

软件包中还会提供数据文件。在数据文件中包括用于完成任务所必需的数据，例如一些软件包的帮助文件或是软件使用许可协议、用户字典、字库，以及软件工具条上的图标图形。数据文件通常是以.txt、.bmp 或.hlp 作为文件的扩展名。

1.4.2　编译和解释

计算机硬件能直接识别的是二进制形式的指令，我们一般直观地把计算机的指令称为计算机语言。一台计算机能识别的所有二进制形式的指令集合就构成了该计算机的指令系统，或者叫做机器语言。从本质上来说，用户要让计算机做某件工作，应当通过二进制指令（机器语言）来完成，但机器语言是二进制的，具有不适合普通用户使用且难以开发等众多缺点。

程序设计语言（Programming Language）（有时也被称为"计算机语言"）是开发软件的工具，比如 C++、Java、COBOL、Visual Basic 等，这些高级程序语言都有一个共同的特点，那就是和人类语言具有一定的相似性。程序设计语言编写指令，定义具体的软件环境（如软件的外观），定义用户怎样输入命令，定义软件如何处理数据等。用高级程序设计语言编写的指令必须转化成机器语言后才能在计算机上运行。要将程序设计语言编写的程序转化成机器语言有两种实现方法：编译和解释。

（1）编译（Compiler）。

先将源程序翻译成机器语言，即目标程序（Object Code），然后再执行。几乎所有的商业软件都经过了编译，所以都包括了随时可以被微处理器执行的机器语言的指令。

（2）解释。

借助解释程序（Interpreter）对源程序边解释边执行，不形成目标文件。用这种方法将高级语言程序转化为目标程序，在基于 Web 的脚本编程中具有广泛的应用，例如用 JavaScript 或 VBScript 编写的脚本。作为网页的一部分，这些脚本包含高级语言程序。解释程序顺序读取脚本语言的第一条语句，将其转化为机器语言，再传送给微处理器。第一条语句执行结束后，继续读取下一条语句，依此类推。

运行脚本程序需要计算机上配置有相应的解释程序。通常情况下，网页浏览器软件会提供解释程序，网上也有类似的软件可供下载使用。

另外，机器语言、汇编语言也是开发软件的工具。但它们编写程序的难度较高级程序设计语言大得多。

机器语言是一种用二进制代码"0"和"1"来表示，能够被计算机直接识别和执行的语言。用机器语言编写的程序能够直接执行，而且速度快。但是，用机器语言编写程序是一项十分繁琐的工作，很难为人们所理解与记忆，而且编出的程序全是 0 和 1 组成的数字序列，直观性差，非常容易出错，程序的检查和调试都比较困难。另外，由于不同型号的计算机，其机器语言一般均不相同。也就是说，为这种计算机编写的程序在另一种计算机上是无法运行的。因此，机器语言不利于计算机的推广使用。

为了克服机器语言难以读写的困难，20 世纪 50 年代初人们发明了汇编语言，汇编语言是一种用助记符表示的面向机器的程序设计语言。由于汇编语言采用助记符来编程，因此比用机器语言中的二进制代码编程要方便，在一定程度上简化了编程工作，人们容易理解、记忆和检查。用汇编语言书写的符号程序叫做源程序，计算机是不能直接接受和运行的。因此，必须用专门设计的汇编程序去加工和转换它们，以便把源程序转换成由机器指令组成的目标程序，然后才能由机器去执行。这一转换过程又称为汇编过程。

1.4.3　操作系统

操作系统（Operating System，OS）被定义为系统软件，是计算机上第一个安装、使计算机顺利启动的软件，是安装和运行其他软件的基础，它的工作是作为计算机中一切事务的主控制器。

操作系统本身是一个软件。几乎所有的个人计算机、服务器、工作站、大型机、超级计算机，它们的操作系统都很大，所以这些操作系统都被保存在硬盘上。引导装入程序（Bootstrap Program）是操作系统的一个部分，它驻留在 ROM 中，并为系统引导时将操作系统的核心部分装入内存提供必要的指令。这里所说的操作系统的核心称为内核（Kernel），它负责提供基本的操作系统的服务，比如内存管理和文件的访问。只要计算机打开电源，内核将一直驻留在计算机内存中。操作系统（除去内核）的其他部分，例如一些实用程序只有在使用时才被调入内存中。也有一些小的操作系统，如掌上型计算机、视频游戏控制台或智能手机等，它们的操作系统小到可以保存在 ROM 里。

一个计算机的软件系统从严格意义上讲是"基于操作系统"的。也就是说，任何一个在计算机上运行的软件都需要操作系统的支持，因此把操作系统视为一个"环境"，或者叫做平台（Platform）。现在的个人计算机上可以同时安装多个操作系统（这种配置叫做"多引导"），在启动计算机时选择其中的一个作为"活动"的操作系统。

1．操作系统的功能

操作系统是系统软件的核心，它统一管理计算机系统的所有软硬件资源，合理组织计算机的工作流程。由于计算机只能识别处理二进制形式的指令，不便于普通用户掌握和使用，所以操作系统通常提供一些方便的命令和简洁的操作方式，这样用户使用计算机时只要直接使用操作系统提供的那些命令或按操作方式操作即可，由操作系统负责把用户的操作转化为计算机硬件所认识的一条条二进制指令交由计算机硬件执行。因而，它是用户和计算机硬件之间的接口，为用户提供了一个良好的人机操作界面。

从资源管理的角度上可将操作系统的功能分为五大部分：处理器管理、存储管理、设备管理、作业管理、文件管理。

（1）处理器管理。

微处理器的每一个机器周期都是可以完成某项任务的一种资源。许多的活动——通常被称为"处理"——都会争夺计算机中微处理器的资源。计算机操作系统必须保证每一个活动都能得到相应的微处理器资源。事实上，操作系统应该可以帮助微处理器在各个任务之间进行切换，从用户的角度来说，似乎这些处理都是同时完成的。而且，操作系统还必须要保证微处理器的资源不能被闲置。

（2）存储管理。

RAM 是计算机中最重要的资源之一，微处理器工作所需的数据和可执行的指令就保存在 RAM 中。当同时运行多个程序时，操作系统必须要为每一个程序分配所需的存储空间，同时必须确保一个存储空间内的数据不能溢出到已分配给其他程序的那部分存储空间。如果操作系统不能完成这项工作，没有保护好每一个程序的存储空间，数据就会出错，程序也无法正常运行，这时计算机就会显示出错信息，比如"一般保护性错误"。有时，如果按组合键 Ctrl+Alt+Del 来关闭出错程序，计算机可以自动修复这类错误。

（3）设备管理。

每一个连接到计算机上的设备都被视为一种资源。计算机操作系统与设备的驱动软件之间进行通信，这样做的目的是使数据能够在计算机和外部设备之间进行传输。如果外部设备或是它的驱动程序无法正常地运行，这时就会由操作系统来决定计算机应该做什么——通常情况下会在屏幕上显示一条提示信息来提醒用户计算机出现了错误。计算机上的操作系统保证了输入和输出以一种有序的方式进行，当计算机正忙于处理一些任务时，会使用队列和缓冲区来收集并存储数据。例如，通过使用键盘缓冲区，无论击键的速度有多快，也不管在击键的同时计算机系统出现了什么问题，计算机都不会遗漏任何键入的内容。

（4）作业管理。

现代操作系统把进程归纳为："程序"成为"作业"进而成为"进程"，并按照一定规则调度。存放在磁盘上的程序是"静态"的，程序从被选中运行直到运行结束的整个过程就变成了作业，当一个作业被选中进入内存运行就成为了"动态"的进程。

完成一个独立任务的程序及其所需的数据组成一个作业。作业管理是对用户提交的诸多作业进行管理，包括作业的组织、控制和调度等，尽可能高效地利用整个系统的资源。

（5）文件管理。

文件管理是操作系统中一项重要的功能，主要涉及文件的逻辑组织和物理组织、目录的结构和管理。从系统角度来看，文件系统是对文件存储器的存储空间进行组织、分配和回收，负责文件的存储、检索、共享和保护。从用户角度来看，文件系统主要是实现"按名取存"，文件系统的用户只要知道所需文件的文件名即可存取文件中的信息，而无需知道这些文件究竟存放在什么地方。

2. 操作系统的分类

操作系统有许多不同的分类方法，一般按照其使用环境和对程序执行的处理方式进行分类。操作系统主要有 6 种类型：实时、单用户单任务、单用户多任务、多用户多任务系统及分布式系统、并行系统。

（1）实时系统（Real-Time）。

实时操作系统强调快速响应和快速处理，通常应用在生产制造及特殊领域，大多数是专用操作系统，通常将实时操作系统内嵌到设备的电路中。

（2）单用户单任务（Single-User，Single-Tasking）操作系统。

单用户单任务，意即只一人使用，且一次只能处理一个任务。早前 PC 机的 DOS（Disk OS）系统就是这种单用户单任务操作系统。

（3）单用户多任务（Signal-User，Multi-Tasking）操作系统。

80%以上的个人计算机上安装的操作系统——Windows 操作系统，就是单用户多任务操作系统。这类系统仍然只能支持一个人使用计算机，但允许同时执行多个任务。除了 Windows 之外，Apple 公司的 Mac OS，以及作为自由软件在 PC 机上运行的 Linux 都是单用户多任务的操作系统。

（4）多用户多任务（Multi-User，Multi-Tasking）操作系统。

多用户多任务操作系统允许多个用户使用一台主机，而且支持每一个用户的多任务处理。最早的操作系统，今天高端网络服务器的操作系统——UNIX，就是多用户多任务操作系统。Windows 的服务器版也具有多用户多任务的功能。

（5）并行系统（Parallel System）。

并行操作系统是针对计算机系统的多处理器要求设计的，它除了完成单一处理器系统同样的作业与进程控制任务外，还必须能够协调系统中多个处理器同时执行不同作业和进程，或者在一个作业中由不同处理器进行处理的系统协调。并行处理计算机主要指以下两种类型的计算机：①能同时执行多条指令或同时处理多个数据项的单中央处理器计算机；②多处理机系统。

（6）分布式系统（Distributed System）。

在一个分布式系统中，一组独立的计算机展现给用户的是一个统一的整体，就好像是一个系统似的。系统拥有多种通用的物理和逻辑资源，可以动态地分配任务，分散的物理和逻辑资源通过计算机网络实现信息交换。系统中存在一个以全局方式管理计算机资源的分布式操作系统。通常对用户来说，分布式系统只有一个模型或范型。在操作系统上有一层软件中间件（Middleware）负责实现这个模型。一个著名的分布式系统的例子是万维网（World Wide Web），在万维网中，所有的一切看起来就好像是一个文档（Web 页面）一样。分布式系统是基于一个有很多计算机用户的超级计算机——计算机的概念，目前被视为网络技术热点的"云计算"本质上就是分布式系统。

3. 常见操作系统

（1）MS-DOS。

MS-DOS（Disk Operating System）是微软公司早期为 PC 机编写的操作系统。IBM 公司使用的同一个系统取名为 PC-DOS。它自 1981 年问世后不断地升级，先后有数十个版本。到 20 世纪 90 年代中后期，DOS 被 Windows 取代。DOS 采用字符界面，其中的命令一般都是英文单词或缩写。其操作命令对格式和语法都有严格的要求。

（2）Windows。

Windows 基于图形用户界面（Graphics User Interface，GUI），用户通过窗口的形式来使用计算机，故称为视窗系统。每一个程序运行后，在屏幕上显示一个相应的窗口，多个程序就有多个窗口，用户可以在窗口（程序）之间切换，为处理多任务提供了可视化的工作环境。

（3）UNIX/Linux。

UNIX 是使用最早、影响也比较大的操作系统，是一个多任务多用户的分时系统，一般用于较大规模的计算机。

Linux 是一种免费的、在 UNIX 基础之上开发的系统，它由芬兰赫尔辛基大学的学生 Linus Torvalds 在 1991 年开发，其源代码在 Internet 上公开，后经世界各地的编程爱好者自发完善。现在 Linux 主要流行的版本有 Red Hat Linux、Turbo Linux，我国由专业机构自主开发的有红旗 Linux、蓝点 Linux 等版本。

（4）Mac OS。

Mac OS 是 Apple 公司为其 Macintosh 系列计算机设计的操作系统。它早于 Windows，且也是基于 GUI 的操作系统。Apple 公司的 Mac OS 有很强的图形处理能力，被公认为是最好的图形处理系统。

其他比较著名的操作系统还有 IBM 公司的 OS/2、Sun 公司的 Solaris 等。

（5）移动设备操作系统。

无线通信技术和硬件设施在计算机技术的支持下迅速发展，专为方便随身携带而设计的手持计算机，如平板电脑、PDA、智能手机等移动设备大行其道。在这些设备中，都在它们的 ROM 中安装有操作系统，可以像个人电脑一样安装第三方软件，为用户提供丰富的功能。如智能手机有良好的用户界面，能够显示与个人电脑所显示的一致的正常网页，能方便随意地安装和删除应用程序。

在移动设备中，使用最多的操作系统有：Palm OS、Android、iOS、Symbian、Windows Phone 和 BlackBerry OS。他们之间的应用软件互不兼容。

- Palm OS。2005 年以前，Palm OS 是 PDA 操作系统的绝对霸主。这是由最早生产 PDA

的 Palm 公司开发的，从 1996 年至今，Palm 公司已经推出了超过 30 款掌上系统。

- Android。这是 Google 公司收购了原开发商 Android 后，联合多家制造商推出的面向平板电脑、移动设备、智能手机的操作系统。Android 是基于 Linux 开放的源代码开发的，且仍然是免费系统。
- iOS。iOS 原名为 iPhone OS，是 Apple 公司为其生产的 iPhone、iPod touch、iPad、Apple TV 使用。
- Symbian OS。是 Nokia 和 Sony Ericsson 等手机生产商联合开发的智能手机操作示统，常用于 Nokia 和 SonyEricsson 的手机上。
- Windows Phone。这是微软公司开发的适用于移动设备的 Windows 系统，是告别其开发的 Windows Mobile 移动操作系统的新产品，先后发布了 WP 7、WP 8，诺基亚、三星、HTC 等移动设备部分安装了此系统。
- BlackBerry OS。BlackBerry OS 是"黑莓"（美国市场占有率第一）智能手机操作系统。BlackBerry 与桌面 PC 同步堪称完美，它可以自动把 Outlook 邮件转寄到 BlackBerry 中。

1.4.4　应用软件

应用软件是为了实现某一应用领域的功能，由计算机用户为某一应用目的而开发的程序，如工资管理程序、图书检索程序等。由于计算机的应用极其广泛，因而应用程序是多种多样、极其丰富的。某些应用软件还可以逐步标准化、模块化。若将这类程序链接在一起，就成了应用软件包。

按其服务对象，应用软件分为通用软件和专用软件。这里介绍一些常用的应用软件。

（1）文字处理软件。

字处理软件是用来对文字进行编辑、排版的软件。目前有许多文字处理软件功能很强，可以图文混排、制表等。常用的文字处理软件有 Word、WPS 等。文字处理软件是计算机中最基本的软件，也是初学者最先接触、最容易学的软件。

（2）计算机辅助教学软件。

计算机辅助教学软件可以让人跟电脑进行交互式的学习。学习的内容可以是语文、英语、计算机、音乐等。比较著名的计算机辅助教学软件有开天辟地、万事无忧、轻轻松松背单词、大嘴英语等。

（3）图形图像处理软件。

图形图像处理软件也是计算机上比较常用的软件，它可以通过计算机的手段作出许多不用计算机就难以作出的效果，比如可以作出一张一个人长着翅膀，在月球上使用计算机打游戏的照片，有时让人真假难辨。计算机上比较出名的图像处理软件有 Photoshop、CorelDRAW、FreeHand、Fireworks 等。

（4）工具软件。

计算机上还会用到各种各样的工具软件。工具软件种类繁多，常用的有压缩软件、杀毒软件、图片浏览软件、上传下载软件、刻录软件、聊天软件、磁盘、光驱工具软件等。比较出名的有压缩软件 WinZip、杀毒软件金山毒霸、图片浏览软件 ACDSee、音乐播放软件 WinAmp 等。

（5）游戏软件。

游戏软件也是计算机软件中数量较多、比较精彩的一部分。游戏软件有纯娱乐型的，也有益智型的。游戏软件可以给人带来无尽的乐趣，现实中许多不可能的事情在游戏中可以实现，特别是目前许多游戏支持多人模式，可以联网对战，更增加了游戏的趣味性，不过必须特别说明，过分沉溺于游戏是不可取的。

（6）网络软件。

由于因特网的普及，目前在网络上使用的软件越来越多。用户上网时会使用到许多网络软件，比较常见的有浏览器软件 IE、电子邮件软件 Outlook Express、Foxmail 等。

（7）其他。

软件的种类繁多，数不胜数，除了以上所说的那些软件外，还有许许多多的软件。用户并不需要学会所有的软件，只要学会自己常用的几个即可。学会几个软件后，用户将会发现各种软件的操作都有相似之处，可以很容易地学会。

1.4.5 软件版权与许可协议

计算机的工作离不开软件的控制指挥。软件具有开发工作量大、开发投资高、复制容易、复制成本极低的特点。为了保护软件开发者的合理权益，鼓励软件的开发与流通，广泛持久地推动计算机的应用，需要对软件实施法律保护，禁止未经软件著作权人的许可而擅自复制、销售其软件的行为。许多国家都制订有保护计算机软件著作权的法规，计算机软件同书籍或电影一样都受到版权的保护。中国 1990 年颁布的《著作权法》规定，计算机软件是受法律保护的作品形式之一。1991 年，中国颁布了《计算机软件保护条例》，对软件实施著作权法律保护作了具体规定。

1. 软件版权保护

所谓版权（Copyright）是指通过法律的形式保护创造性工作的原始创作者的权利的一种方法。作品一旦形成，其原始作者就拥有了对它的版权，除了版权法规定的情况及使用方式以外，任何人都不得以任何形式侵犯作者的版权，包括复制、分发、销售和修改作品的权利。版权法规定的情况包括：①允许购买者为了安装软件将软件从光盘或网站上复制到计算机的硬盘上；②允许购买者为防止软件被删除或损坏而制作的用于备份的副本；③允许购买者出于教学目的而复制或分发软件的部分内容。

多数软件会在屏幕上显示出版权标记（Copyright Notice），如"Copyright © 1998-2013 Tencent. All Rights Reserved"。版权法并没有明确地规定是否一定要显示这个版权标记，也就是说，尽管有的软件并未显示版权标记，它们也同样受到版权法的保护。那些不遵守版权法的规定，非法复制、分发和篡改软件的人称作软件盗版者，他们制作的非法软件就是盗版软件。

2. 软件许可协议

计算机软件除了受到版权保护外，通常还受到软件许可证的保护。所谓软件许可证（Software License）或称"许可协议"，指的是规定计算机程序使用者权利的法律合同。对于个人计算机软件来说，可以在软件的外包装上或是包装内一个单独的卡片上、光盘的包装上，也可能是某个程序文件中找到许可协议。

软件的开发商一般会使用以下两种技巧使软件许可协议生效：简易包装协议和安装协议。

简易包装协议（Shrink-Wrap License）是指在打开软件的包装时就会同时生效的协议。安装协议（Installation Agreement）会在安装软件时显示在屏幕上。读完屏幕上的协议后，通过单击选项按钮，比如"确认"、"我同意"、"接受"等，来表明接受协议中的内容，才能继续安装使用该软件。

3. 软件保护层次

在版权法中，对软件的复制、分发和再销售都做出了相当严格的规定和限制；然而，许可协议则从另一个角度规定了消费者拥有的权利。不同软件的协议都对软件的使用、复制和分发做出了不同层次的规定。

（1）商业软件（Commercial Software）。

商业软件一般可以在计算机商店或是网站上买到。虽然"买"了这个软件，但是实际上购买者只是能够在许可协议规定的范围内使用该软件。商业软件的许可协议允许购买者在办公室或在家里安装该软件，而且这种许可协议通常是紧紧跟随着版权法而制订的。

（2）共享软件（Shareware）。

共享软件是以"购买前的试用"为目的而分发的有版权的软件。此类软件的许可协议允许用户在试用期内使用该软件，但是如果用户想在试用期后继续使用该软件，就必须要支付一定的注册费。许可协议允许在试用期内制作软件的副本并可以将它们分发给其他人。当然，如果他们想继续使用，也必须支付注册费。这些共享软件为市场销售和分发提供了一种低成本的渠道。目前有成千上万的共享软件可供使用，就像商业软件一样。但是由于注册费的支付没有强制的约束手段，所以许多共享软件的作者对于他们在软件开发中所做的工作只能收回很少的一部分钱。

（3）免费软件（Freeware）。

免费软件是完全免费的，但是有版权的。虽然用户可以免费使用软件，但只能按照版权法的规定和作者的要求来使用，任何超越规定的行为都是不允许的。一般来说，免费软件的许可协议允许用户使用软件，进行复制或传播；但是不允许对软件进行修改或是出售。许多的工具程序、设备驱动程序和一些游戏软件都属于免费软件。

（4）开放资源软件（Open Source Software）。

开放资源软件将那些没有编译的程序指令（即源代码）提供给想要修改或改进这些软件的编程人员。开放资源软件可以在市场中出售或是免费分发，但无论是哪种方式，在任何情况下它都必须包括源代码。Linux 就是开放资源软件，同样的还有 FreeBSD——一种可免费使用的用于个人计算机的 UNIX 操作系统。

（5）公共领域软件（Public Domain Software）。

公共领域软件被作者允许给公众共享，是没有版权的软件，能够不受任何限制地被使用，如可以被自由地复制、分发甚至是再销售。对于公共领域软件的唯一限制就是不可以再去为它申请版权。

1.5　计算机的性能特点与应用

现代科学的发展使计算机几乎进入了一切领域。从军事部门到民用部门，从尖端科学到消费娱乐，从厂矿企业到个人家庭，无处不出现计算机的踪迹。计算机可以说是 20 世纪最伟大的发明之一，它已经或正在改变我们的世界。

1.5.1　计算机的特点

计算机能得到广泛的应用与它的特殊性能是分不开的，概括地讲，计算机具有如下特点：

（1）快速性。由于电子计算机采用了高速电子器件，这使它具备快速处理信息的物质基础；同时，由于计算机采取了存储程序的思想，即将要解决的问题和解决问题的方法、步骤预先存入计算机中，使电子器件的快速性得以充分发挥。

（2）准确性。计算机运行时精确度高、计算方法科学是人们所共知的事实。由于计算机中的信息采取数字化编码方式，计算的精度取决于运算中数的位数，位数越多则精度越高，采取科学的计算方法，加上高位数的计算功能，保证了计算结果的准确性。

（3）记忆性。计算机具有同人的大脑一样的记忆功能，即存储文件和数据的功能，它可以把原始数据、中间结果、计算指令等信息存储起来，以备调用。一旦在存储器上存入信息，若不受到破坏，便可长期保存。

（4）逻辑性。

计算机不仅能进行计算，还能进行各种逻辑判断，并根据判断的结果自动决定执行的方向。逻辑判断与逻辑运算是计算机的基本功能之一。例如，在计算机运行时，可以根据当前运算的结果或对外部设备测试的结果进行判断，从多个分支的操作中自动地选择一个分支继续运行下去。

（5）自动性。计算机内部的操作运算都是自动控制进行而不需要人工的直接干预。即计算机在运行程序时，不再需要人的干预，程序能连续发出各种指令，控制计算机完成预定的操作任务。它区别于过去的计算工具，也区别于模拟电子计算机。

1.5.2　计算机性能指标

全面衡量一台计算机的性能要考虑多种指标，而不同应用的计算机其侧重点也有不同。

（1）时钟频率。

时钟频率是指 CPU 的时钟频率，也就是 CPU 的工作频率，单位是 MHz。CPU 的时钟频率分为主频、外频、倍频，前者是后两者的乘积。如 PIII800，其外频为 133MHz，倍频为 6，故主频为 800MHz。一般在同样主频的基础上，外频越高，计算机的性能越好，目前计算机的外频已达 200MHz 以上，主频也开始以 GHz 为单位。

（2）字长。

所谓字长是指计算机能够同时处理的二进制数据的位数，能处理 8 位二进制数据的 CPU 就是 8 位字长的 CPU。字长直接关系到计算机的计算精度和速度，字长越长，可以表示的有效位数就越多，因而精度和速度就越高。目前，市场上流行的计算机字长主要是 32 位和 64 位，在此以前则是 16 位和伪 32 位等。

（3）运算速度。

运算速度是指计算机执行指令的速度，常以 MIPS（Million of Instructions Per Second）——每秒执行百万指令数为单位，现在通常以文字处理、分类排序、矩阵求逆、随机文件存取和通用数字程序等基准程序（Benchmark）来计算。运算速度越高越好，它常常与计算机 CPU 的频率有关。

（4）内存。

内存有速度和容量两个指标，其中容量是指随机存储器 RAM 存储容量的大小，它决定了可运行程序的大小和程序运行的效率。随着操作系统的不断升级和各种应用软件对内存要求的不断提高，所要求的内存容量也在不断增大。例如，最初的 DOS 仅需几百 KB 内存，而在

Windows 2000 环境下，标准要求 128MB 的内存。内存越大，主机和外设交换数据所需的时间越少，因而运行速度越高。

（5）外存容量。

一般指硬盘容量，随着硬盘制造工艺的发展，现在主流计算机的硬盘容量为 GB 级、TB 级。存储容量越大，所能安装的程序、软件就越多，完成任务的能力就越强。

（6）外设配置。

一台计算机除了运行速度外，其他方面，如显示系统的性能高低、鼠标键盘的好坏、是否配备附属设备等也成为计算机性能高低的重要标志之一。

（7）软件配置。

计算机运行离不开软件的支持，随着 DOS、Windows、Linux 等操作系统的出现，不同操作系统也决定了计算机不同的运行性能，再加上办公软件、娱乐软件等不断升级，计算机的整体性能也不断地得到提高和发展。

除此之外，还有一些指标也影响着计算机的性能。如生产工艺，主要以集成电路上各组件的距离来衡量，目前已达 0.065 微米以下。又如 CPU 附加的指令集，包括 Intel 的 MMX 指令集、SSE 指令集，AMD 公司的 3D Now！指令集等。还有所谓的一、二级高速缓存（Cache，存储速度比内存快），可明显提高 CPU 的工作效率。

1.5.3　计算机的应用领域

具体来说，计算机主要有以下几方面的应用：

（1）科学计算（或称数值计算）。

在科学技术及工程设计应用中，会遇到各种数学问题的计算，计算机的应用最早是从这一领域开始的。电子计算机在科学计算和工程设计中不仅能减轻繁杂的计算工作量，而且能解决过去无法解决或不能及时解决的问题。例如，在 1948 年，美国原子能研究中心有一项计划，要做 900 万道运算，需要 1500 个工程师计算一年。而当时用一台初期的计算机，只用了 150 个小时就完成了。

（2）自动控制（特别是工业、交通的自动控制）。

计算机广泛应用于工业，能够大幅度提高产品性能和劳动生产率，减轻劳动强度，降低能源和材料的消耗。例如一台带钢热轧机，改用计算机控制后，产量可为人工控制的 100 倍，而且质量显著提高。计算机在传统产业中的广泛使用促进了生产的集成化，大大改变了各部门的装备面貌，促进了产品结构、产业结构、生产方式和管理体制的改革，增加了企业产品的更新换代能力，提高了经济效益，为生产和管理实现高速化、大型化、综合化、自动化创造了条件。

用计算机技术指挥交通，在我国和一些先进国家已被广泛使用。此外，计算机控制技术在军事、航空、航天、核能利用等领域的应用已是"历史悠久"，硕果累累。

（3）数据处理和信息加工。

所谓信息是指由数据、信号等构成的集合，数据处理是指对数据进行一系列的操作。利用计算机可对大批数据进行加工、分析及处理。如数据报表、资料统计和分析、工农业产品的合理分配、工业企业的合理编制、企业成本核算等；银行可以用计算机记账、算账；图书馆可以用计算机自动检索。

在数据处理领域中，由于数据库技术和网络技术的发展，信息处理系统已从单功能转向多功能、多层次，管理信息系统（MIS）逐渐成熟，它把数据处理与经济管理模型的优化计算和仿真结合起来，具有决策、控制和预测能力。管理信息系统在引入人工智能之后就形成了决策支持系统（DSS），它充分运用了运筹学、管理学、人工智能等。如果将计算机技术、通信技术、系统科学及行为科学应用于传统数据处理中无法处理的一些结构不分明的，包括非数值数据型信息的办公事务上，就形成了办公自动化系统（OA）。MIS 系统的建立在我国已经有了一定的规模，随着计算机技术的不断发展，MIS 系统在计算机应用中将会占据更重要的地位。

（4）计算机辅助技术。

计算机辅助技术包括：计算机辅助设计（CAD）、计算机辅助制造（CAM）、计算机辅助教学（CAI）等。

近年来新兴的计算机辅助设计（Computer Aided Design，CAD），是利用计算机部分代替人工进行飞机、机械、房屋、水坝、电路板、服装设计等。使用这种技术能提高设计工作的自动化程度，节省人力和时间。现在，计算机都采用这种技术来完成自身的体系结构模拟、逻辑模拟、大规模及超大规模电路设计，以及印制电路板的自动布线等工作，使新型计算机的设计周期大大缩短，设计质量大大提高。

计算机辅助制造（CAM）是利用计算机进行生产设备的管理、控制和操作的过程。如工厂在制造产品的过程中，用计算机来控制机器的运行、处理制造中所需的数据、控制和处理材料的流动以及对产品进行测试和检验等。采用 CAM 技术能提高产品质量、降低生产成本、改善工作条件和缩短产品的生产周期。

计算机辅助教学（CAI）则是帮助教师进行课程内容的教学和测验，学生可以通过人机对话的方式学习有关章节的内容并回答计算机给出的问题，教师利用 CAI 系统可指导学生的学习、命题和阅卷等。目前，CAI 软件已大量涌现，从小学、中学到大学的许多课程都有成熟的 CAI 软件产品，有些软件图文并茂，提高了学生的学习兴趣和积极性。今后的 CAI 系统将是一个多媒体计算机系统，在这个系统中，图、文、声、像俱全，在学校、家庭或实现无校舍教学中将发挥积极作用。

（5）人工智能（AI）。

在人工智能的研究和应用方面利用计算机来模拟人脑的一部分职能，如语言的翻译、计算机辅助诊断、分析病情并开出药方等。计算机还可以用来对弈、作曲、画像等。

1.6 计算机系统安全

来自病毒、自然灾害、电源中断、黑客恶意攻击以及许多其他的风险因素威胁着计算机的使用安全。当这个社会离不开计算机的时候，计算机安全就开始为人们所重视。

1.6.1 计算机系统的安全威胁

在计算机系统中，计算机设备和数据都存在包括自然灾害、电源中断、软件失败、硬件崩溃、人为错误、安全入侵、战争以及病毒的潜在威胁。及早识别这些威胁并采取适当的风险管理，当发生不可避免的灾难时，能采取措施进行计算机系统的修复，最大程度地保障计算机系统的安全。

（1）自然灾害（Natural Disasters）。

包括火灾、洪水和其他不可预知的自然灾害事件，可完全破坏计算机系统，切断对所有用户的服务并可能破坏掉整个系统。

（2）电源中断（Power Outages）。

可能因自然灾害、电网因超负荷掉电以及限电拉闸而造成计算机系统的电源中断。

（3）软件错误（Software Failures）。

由程序错误或设计上的缺陷所引起的软件错误可能对计算机系统造成不可挽回的损失。

（4）硬件崩溃（Hardware Breakdowns）。

硬件崩溃可发生在计算机系统的任何硬件部分。硬件损坏的几率随使用的时间而逐年增加，但刚使用的硬件也可能损坏。许多设备的故障率由平均故障间隔时间（Mean Time Between Failures，MTBF）来统计。例如，125000 小时 MTBF 指一个设备平均可运行 125000 小时而无故障。然而 MTBF 仅是平均值，例如平均故障间隔时间为 125000 的刀片式服务器可能仅运行 10 个小时就出现了故障。

（5）人为错误（Human Error）。

指由使用计算机的人员造成的错误。一个企业级系统中的常见错误包括：输入错误数据和没遵循正确的步骤操作。一个最著名的灾难是在 1999 年由于人为错误而造成的火星气候轨道探测器坠毁。火星气候轨道探测器在进行了一年的飞行后，本将与火星极地登陆者会合，但却于 9 月份堕毁于火星大气层中。据调查，坠毁的原因是由于科学家没有将英制单位转换成公制单位。

（6）安全入侵（Security Breaches）。

指窃取数据、物理闯入和故意破坏。

（7）战争行为（Acts of War）。

曾经仅影响位于战地前沿的计算机系统，然而随着恐怖事件的增加，平民地区已成为目标。暴力行为，诸如投掷炸弹，可造成计算机系统设备的毁坏。网络恐怖攻击，过去使用病毒和蠕虫损害数据或破坏计算机的操作，现在包括对电力和通信等国家基础设施进行破坏。

（8）病毒（Viruses）。

病毒可毁坏任何计算机系统。计算机病毒的数量正以空前的速度增长，而且传播速度比以往任何时候都快得多。病毒、假信号而拒绝服务和其他计算机的攻击行为正对计算机系统的安全造成重大的影响和损失。

大中型计算机系统与个人计算机系统所面临的潜在威胁都是一致的，但大中型计算机系统一旦发生这些不可避免的灾难时，它所受到的损失是个人计算机系统所无法比拟的。大中型计算机系统的管理员应当采取一些有效的措施来防止系统受到威胁。普通的制止攻击包括采用多级用户身份鉴定和口令保护，利用监控软件对用户、更新的文件和系统的改变进行跟踪。物理上的制止攻击包括限制对关键服务器的访问。防火墙是防止未授权的用户对系统进行访问的一个预防性措施。可采用数据备份、灾难恢复和冗余的硬件设备等补救措施（Corrective Procedures）减少攻击的影响；利用防病毒软件检测进入系统中的病毒，并自动清除或隔离被感染的文件；硬件设备侦测、监控窃贼和故意破坏者。

1.6.2　计算机病毒

计算机病毒攻击所有类型的计算机，包括大型机、服务器、个人计算机，甚至掌上电脑，是计算机文件安全的最大威胁之一。

计算机病毒（Computer Virus）是一组程序指令，它把自己附着在一个文件上，能够自我复制，并且能够传染给其他文件。它掺杂在文件中，破坏数据，或者破坏计算机的操作。

病毒的传播是经过人们在磁盘和 CD 上交替使用被感染的文件，传递附有病毒的 E-mail 和从 Web 上下载的软件实现的。

计算机病毒的主要特点是破坏性、传染性、隐蔽性、可触发性等。一个计算机病毒通常感染计算机上文件扩展名为.exe、.com 或.vbs 的可执行文件。当计算机执行了一个被感染的程序后，它也就执行了附有病毒的指令。这些指令驻留在 RAM 里，等待感染计算机上下一个执行的程序，或者它所访问的下一张磁盘。另外，病毒在自我复制时，它可能执行一个触发事件（Trigger Event），有的可能是无害的，只显示一段骚扰信息；有的破坏计算机硬盘上的数据。病毒的一个关键特性是它们有能力在计算机里潜伏几天或几个月，平静地进行自我复制，很容易在不经意间将被感染的文件传播到其他的计算机上。

计算机感染了病毒，有时候会出现一些已经感染病毒的征兆：显示庸俗的、困窘的或骚扰的信息，如"Gotcha! Arf！Arf!"、"You're stoned!"或者"I want a cookie."；产生不寻常的视觉或声音效果；难以保存文件或文件神秘地消失；计算机突然速度变慢；计算机会突然重启；可执行文件莫名其妙变了；计算机自动发送许多 E-mail 信息。出现这些现象，计算机感染病毒的可能性就很大了。

1. 病毒的分类

（1）文件病毒（File Virus）

一个病毒附着在一个应用程序（.exe、.com 等可执行文件或.drv、.bin、.ovl、.sys 等类型文件）上，这种病毒叫文件病毒。最声名狼藉的文件病毒之一叫切尔诺贝利（ChernobyL），它可以感染任何.exe 文件，包括游戏和系统软件，可以写满计算机硬盘的所有扇区。

（2）引导扇区病毒（Boot Sector Virus）。

引导扇区病毒寄生在主引导区、引导区，感染的是计算机在每次开机都要使用的系统文件。这些病毒可能导致广泛损害和新问题的产生。石头（Stoned）病毒感染软盘和硬盘的引导扇区，这个病毒的许多版本都显示信息，如"Your computer is now stoned!（你的计算机被石头击中！）"，或破坏计算机硬盘上的一些数据。

（3）宏病毒（Macro Virus）。

宏病毒感染 Microsoft Word 文档和 Excel 工作簿的宏。宏（Macro）本质上是一段小程序，通常含有合法的指令进行自动操作文档和工作表的工作。两个最著名的宏病毒是 Melissa 病毒（附着在 Microsoft Word 文档上）和 Codemas 病毒（附着在 Microsoft Excel 电子表格上）。

（4）特洛伊木马（Trojan Horse）。

Trojan Horse 与普通病毒不同，它不进行自我复制。而且，它只是一段计算机程序，看起来像是执行一个函数，实际上是做其他的事情。Trojan Horse 之所以声名狼藉是由于偷窃密码。一些 Trojan Horse 能删除文件并导致其他问题。虽然 Trojan Horse 不进行自我复制、刻意传播，但是一些 Trojan Horse 含有一个病毒或一个蠕虫，它们能够自我复制和传播。

（5）蠕虫（Worm）。

一些蠕虫传递无害信息，而有些蠕虫会恶意删除文件。大多数蠕虫擅长在通信网络（尤其是 Internet）上，通过附着在 E-mail 和 TCP/IP 包里，从一台计算机传播到另一台计算机。一些蠕虫专门通过网络传播。蠕虫是从计算机传播到计算机，而不是从文件传播到文件。例如，Klez 是一个能大量邮寄的蠕虫，它把自己传递给已被传染的计算机地址簿上的所有地址。另一个声名狼藉的蠕虫叫 Love Bug，它随一个 E-mail 附件叫 LOVE-LETTER-FOR-YOU.TXT.vbs 传播。一旦打开这个附件，这个蠕虫会覆盖计算机磁盘上大多数的音乐、图形、文档、电子表格和 Web 文件。感染了文件之后，这个蠕虫会自动把它自己发送给在计算机上电子邮件地址簿中的每一个人，寻找其他的牺牲者。

2.　病毒的传播途径及预防

（1）软盘、自制的 CD 及含有游戏和其他娱乐形式的网站。它们是文件病毒、引导扇区病毒和 Trojan Horse 的共同来源。

（2）E-mail 附件是另一种常见的病毒来源。一个表面清白的附件可能是一个文件病毒或引导扇区病毒的港湾。通常，被感染的附件看起来像一个可执行文件（一般以.exe 为扩展名），打开这些文件，就会执行它们所含的病毒码，感染计算机。所以，除非首先用防病毒软件检测过，否则永远不打开可疑的附件。

（3）宏病毒趋向于在由 Microsoft Word 生成的文档和由 Microsoft Excel 生成的电子表格里出现。从 Web 下载的文件或 E-mail 附件，或从其他计算机传递过来的扩展名为.doc 或.xls 的文件，可能潜伏宏病毒，但却无明显的感染线索。如今，大多数软件执行宏命令都会提出警告，或者通过设置直接禁止使用宏。

（4）HTML 格式的 E-mail 是隐藏病毒和蠕虫的巢穴，病毒和蠕虫藏在用 HTML 语言编写的类似程序的"脚本"中。这些病毒很难被检测到，甚至用防病毒软件也不行。因此，许多人使用无格式文本和非 HTML 格式的 E-mail。

3.　防病毒软件（Antivirus Software）

防病毒软件是一系列实用程序，查找及消灭病毒、Trojan Horse 和蠕虫。这类软件的实质是处理计算机、个人计算机和服务器的漏洞。

防病毒软件是怎样工作的？防病毒软件使用几种技术寻找病毒。一个病毒把它自己附着在一个已经存在的程序上，常常增加原始程序的长度；或者把它插入到程序未用的部分字节，而不改变程序文件的长度。所以，早期防病毒软件通过比较程序文件长度的变化、字节校验和（Checksum）的变化来检测病毒。如今，大多数防病毒软件通过扫描病毒签名来标识病毒、Trojan Horse 和蠕虫。一个病毒签名（Virus Signature）通常是一段病毒程序，如一段唯一连续的指令可以用于标识一个已知病毒，就像一个指纹用于标识一个人一样。签名搜索技术只能标识那些已知签名的病毒。为了发现新病毒，病毒检测软件必须定期升级。

防病毒软件用来进行标识及根除病毒、Trojan Horse 和蠕虫的信息，通常存放在一个或几个叫做"病毒定义"的文件中。新病毒和各种旧病毒每天都在释放，防病毒软件的发行者也在通过 Web 提供升级的病毒定义。为了保证能标识最新的有害成分，应该几周检测一次防病毒软件发行者的网站，下载最新升级的病毒定义。一些防病毒软件商家提供电子升级服务，定期提醒检查升级情况，当需要升级时，计算机自动连接到防病毒软件商家网站，下载病毒定义的升级文件，然后安装这个文件。

防病毒软件不是万能的，甚至也不是百分之百可靠的，一旦病毒渗透进计算机，有时防病毒软件也很难根除。保持良好的计算机使用习惯和病毒检测习惯就显得尤为重要。可以只在收到可疑的 E-mail 附件时进行检测，也可以设置防病毒软件每周全面检测一次计算机上的所有文件。但最好的病毒检测习惯是在后台实时运行防病毒软件，扫描所有访问的文件。

1.6.3　文件系统的安全

比起机器硬件，文件和数据受到破坏更加糟糕。无论什么原因导致文件系统损坏，要恢复全部信息不但困难而且费时，而且在大多数情况下是不可能的。

有许多有关文件系统安全的建议和方法，如"一键恢复"或"还原"。但实际上，这并没有多大意义，原因在于：①作为保存文件的介质，硬盘或软盘常常一开始就会有坏道，几乎无法使得它们完美无缺，而且磁盘或光盘在使用过程中也会不断出现坏区，而且是无法修复的物理错误；②文件系统（由操作系统支持）的安全问题，没有绝对可靠的软件系统，即使号称最好的操作系统 UNIX 也发生过安全问题。

目前为了保护文件系统，采用的技术多是使用密码、设置存取权限、建立更复杂的保护模型等。但出于安全上的全面考量，备份是最佳方法。数据或者文件的备份，最简单的方法是复制。把重要的文件复制到另外的硬盘、光盘或移动存储设备上。

一个完整的系统备份（Full-System Backup）包括计算机上的所有程序、数据和系统文件的备份。完整的系统备份的好处是，可以简单地通过将备份文件拷贝到一个新硬盘，从而将计算机恢复到被破坏前的状态。一个完整的系统备份需要花费很长时间，因此完全自动执行需要一个大容量磁盘作备份设备。

最重要的数据文件的备份应该确保能够从许多数据灾难中保护基于计算机的文档和项目。相对于一个完整的系统备份，可以选择最重要的数据文件进行备份。为避免遗漏重要的数据文件，可以将它们保存在一个文件夹或它的子文件夹里，然后备份在软盘、ZIP 盘、可移动硬盘、外挂硬盘、CD 或 DVD 上。

另外，除了一些生成的数据文件外，还有一些其他类型的数据文件也很重要，在备份时也应考虑这些类型的文件，如下：

（1）Internet 连接信息。ISP 电话号码和 TCP/IP 地址、用户 ID 和密码通常存储在 Windows\System 文件夹里的一个加密文件里（ISP 通常能找到这个文件）。

（2）E-mail 文件夹、E-mail 地址簿、喜爱的 URL（统一资源定位符，也就是我们常说的网站网址）、下载的文件等。

（3）Windows Registry（注册表）。Windows Registry 用于保存 Windows 操作系统的配置信息，包括所有的设备和安装在计算机系统里的软件。如果 Registry 被破坏，计算机可能不能启动，不能运行程序或者不能与外围设备进行通信。为了防止原始文件被破坏，应为 Registry 做一个额外的备份，同时在安装新软件或硬件时应该对这个备份进行升级。

1.7　计算思维

哪些问题能够通过计算机解决？能够用哪些方法借助计算机予以解决？这就是所谓的计算思维的问题。计算思维倡导者之一，美国国家自然基金会计算与信息科学工程部助理部长，卡耐基·梅隆大学计算机系主任周以真教授认为，计算思维是运用计算机科学的基本概念进行问题求解、系统设计、人类行为理解等涵盖计算机科学之广度的一系列思维活动。

计算机从一开始是一种装置、一种工具、一种能够按照事先存储的程序能够自动、高速地进行大量数值计算和各种信息处理的工具。从走出专业人员的实验室，到步入家庭、办公室，甚至伴随在人的身边，计算机这种计算工具已跨越半个世纪。计算机对人类社会的影响、对人的影响是广泛而巨大的。计算大师 Dijkstra 讲过一句话："我们所使用的工具影响着我们的思维方式和思维习惯，从而也将深刻地影响着我们的思维能力。"计算机不仅为不同专业提供了解决专业问题的有效方法和手段，而且提供了一种独特的处理问题的思维方式。

正如我们所体会到的一样，计算机和互联网已经深刻地改变了我们的生活和思维方式。例如，要撰写一份报告，需要查找某些资料、汇总某些数据等，自然会想到应该用计算机。甚至于一个小学生遇到了难题，也首先想到到百度网上进行求助。

计算机对它所接收的信息（输入）进行处理，并给出结果（输出），而结果（输出）又取决于接收到的信息（输入）和相应的信息处理的算法。当我们已经了解到计算机能够做什么、不能够做什么时，就会很自然地知道怎样围绕计算机工具来解决实际问题的方式和方法，更加有效地利用计算机工具。不可避免地，如今现代计算机工具已经和数学、语言一样，从孩提时代就开始伴随着我们，周以真教授更是认为，应把计算机从工具到思维的发展应用提升到与"读、写、算"（3R）同等的基础重要性，认为"计算思维"是适合于每一个人的"一种普遍的认识和一类普适的技能"。

概括来说，计算思维（Computational Thinking）是建立在由人或计算机执行计算过程的能力和限制之上，运用计算机科学的基本概念去求解问题、设计系统和理解人类行为的一系列思维活动。计算机科学是计算的学问——什么是可计算的？怎样去计算？因此，计算思维具有以下特性：

（1）概念化，不是程序化。

计算机科学不是计算机编程。像计算机科学家那样去思维意味着远远不止能为计算机编程。它要求能够在抽象的多个层次上思维。

（2）基础的，不是机械的技能。

基础的技能是每一个人为了在现代社会中发挥职能所必须掌握的。生搬硬套的机械技能意味着机械的重复。具有讽刺意味的是，只有当计算机科学解决了人工智能的宏伟挑战——使计算机像人类一样思考之后，思维才会变成机械的生搬硬套。

（3）人类的，不是计算机的思维。

计算思维是人类求解问题的一条途径，但绝非试图使人类像计算机那样地思考。计算机枯燥且沉闷，人类聪颖且富有想象力。人类赋予计算机以激情。配置了计算设备，我们就能用自己的智慧去解决那些计算时代之前不敢尝试的问题，就能建造那些其功能仅仅受制于人类想象力的系统。

（4）数学和工程思维的互补与融合。

计算机科学在本质上源自数学思维，因为像所有的科学一样，它的形式化解析基础筑于数学之上。计算机科学又从本质上源自工程思维，因为我们建造的是能够与实际世界互动的系统。基本计算设备的限制迫使计算机学家必须计算性地思考，不能只是数学性地思考。构建虚拟世界的自由使我们能够超越物理世界去打造各种系统。

（5）是思想，不是人造品。

　　不只是我们生产的软件硬件人造品将以物理形式到处呈现并时时刻刻触及我们的生活，更重要的是还将有我们用以接近和求解问题、管理日常生活、与他人交流和互动的计算性的概念。

　　（6）面向所有的人和所有地方。

　　当计算思维真正融入人类活动的整体以至于不再是一种显式的哲学的时候，它就将成为现实。

第2章　操作系统的使用

- 认识和了解操作系统，熟练掌握针对窗口、菜单、工具栏、任务栏、对话框的基本操作。
- 能够深刻理解文件和文件夹的概念与作用，熟练掌握查找、选定、新建、复制、移动、删除、重命名、属性查看与更改等文件（夹）的基本操作。
- 能够利用控制面板中的设置工具进行桌面、显示、声音等系统配置。
- 能够进行常用应用程序的安装和卸载，会安装和使用计算机外部设备。
- 了解 Windows 7 附件程序的使用，能够使用记事本、画图程序进行一般文字处理和图形绘制。
- 掌握压缩工具软件 WinRAR 的操作和使用，了解计算机安全软件的有关知识。

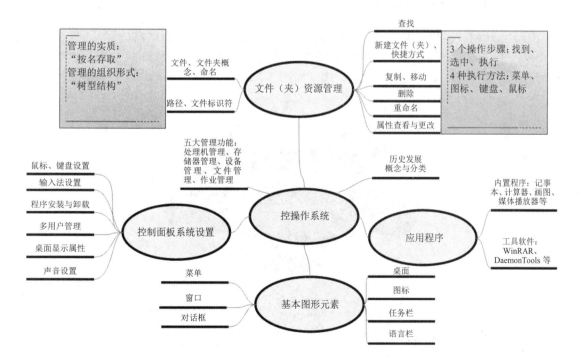

2.1　操作系统概述

2.1.1　操作系统的基本概念

计算机本身是由二进制代码编写的机器指令指挥和控制的，用户要和不带任何系统软件的计算机（裸机）沟通，必须十分熟悉机器指令系统和各种外部设备的特性，然而这是相当困难的。为此，人们设计了一种系统软件，该系统软件在计算机运行中可将用户用高级语言编写的程序或指令转化为机器指令代码，指挥计算机按程序去执行任务。这种系统软件就是人们通常所说的操作系统（Operating System, OS），它负责组织和管理整个计算机系统的软硬件资源，协调计算机各个部分之间以及用户与用户之间的关系，使整个计算机系统能够高效率地运转，从而为用户提供了一个开发和使用计算机的良好环境。

当前主流个人计算机操作系统是由微软公司开发的，该公司最早开发出了字符界面的DOS，以后又陆续推出了界面更加友好的图形操作系统 Windows 系列（包括 Windows 95、Windows 98、Windows NT、Windows 2000、Windows Me、Windows XP、Windows 2003、Windows Vista、Windows 7）等，处理能力也从 16 位、32 位提升到 64 位。

Windows 操作系统向用户提供了一个基于图形的多任务、多用户的应用环境。由于界面友好、操作简便，因此在个人计算机上应用非常普遍。Windows 是完全的 32 位操作系统，也是非常稳定和易用的操作系统，大受用户欢迎，并且在实际使用中所占比重较大，因而本书以其为主要内容介绍操作系统，后面没有做特别说明的，均指 Windows 7，简称 Win 7。

2.1.2　操作系统的五大功能

操作系统对计算机资源进行管理和分配，它按照一定的原则将计算机资源合理地分配给用户和程序。从这个意义上说，操作系统的功能主要有五大方面：处理机（CPU）管理、存储器管理、设备管理、文件管理和作业管理，如图 2-1 所示。

图 2-1　操作系统的基本功能

2.1.3　操作系统的分类

随着计算机应用水平的提高，用户对操作系统的性能、使用方式也提出了不同的要求，因此形成了不同类型的操作系统。除了 Windows 操作系统，还有磁盘操作系统（DOS），它是字符形式的操作系统；UNIX 操作系统，为中型机分时操作系统；NetWare 操作系统，为网络操作系统；还有自由开放代码的 Linux 操作系统。

对于这些不同类型的操作系统，如果按用户数目的多少可以分为多用户系统和单用户系统；按硬件规模的大小可以分为巨型机、大型机、中型机、小型机和微型机的操作系统。按照用户的使用环境和访问方式来对操作系统进行分类可以分为实时操作系统、分时操作系统和批处理操作系统。

2.1.4　常见的操作系统

也许用户并没有多少选择的余地，选购了一台针算机，同时意味着就得使用随机提供的操作系统。例如，选择的是 PC 机，那就多半要使用微软的 Windows 系列操作系统了。如果选用了 Apple 公司的 iMac 机器，那么意味着要使用 Mac OS，当然 iMac 也允许再安装一套 Windows 系统。如今用户选购移动电话也同样面临选择操作系统的问题。常见的操作系统有：MS-DOS、Windows、UNIX/Linux、UNIX、Mac OS 和移动设备操作系统。

无线通信技术和硬件设施在计算机技术的支持下发展神速。有研究报告称，2010 年全球智能手机（Smart Phone）的销量达到 2.93 亿部，与 2008 年的 1.5 亿部相比几乎增长了一倍。智能手机就是嵌入有处理器、运行操作系统的掌上电脑，并附加了无线通信功能。

早前称为掌上电脑的就是个人数据助理（Personal Digital Assistant，PDA），主要提供记事、通讯录、行程安排等个人事务，目前它已经被智能手机所取代。世界上主要的计算机生产商无一例外地涉足了智能手机领域，因此也有多种移动设备的操作系统。

（1）Palm OS，这是由最早生产 PDA 的 Palm 公司开发的，从 1996 年至今，Palm 公司已经推出了超过 30 款掌上系统。

（2）Windows Mobile，这是微软公司开发的适用于移动设备的 Windows 系统。

（3）Symbian OS，这是 Nokia 和 Sony Ericsson 等手机生产商联合开发的智能手机操作系统，常用于 Nokia 和 Sony Ericsson 的手机上。Symbian（塞班）OS 支持使用流行的计算机程序设计语言编程，曾在智能手机中占据很大的市场。

（4）Android，这是 Google 公司收购了原开发商 Android 后，联合多家制造商推出的面向平板电脑、移动设备、智能手机的操作系统。Android 是基于 Linux 开放的源代码开发的，且仍然是免费系统。

（5）iOS，这是 Apple 公司为其生产的移动电话 iPhone 开发的操作系统。它主要用于 Apple 的系列数码产品，包括 Phone、iPod touch、iPad、Apple TV。原本这个系统名为 iPhone OS。

我国的移动电话服务商也推出了各自的手机操作系统，使用在其推广的手机产品上。

2.2　初识 Windows

Windows 7 是 Microsoft 继 Windows Vista 之后推出的新一代 Windows 操作系统。无论是安全性、易用性、可靠性，Windows 7 较以往的 Windows 操作系统都有了大幅度的提升。Windows 7 做了许多方便用户的设计，如快速最大化、窗口半屏显示、跳转列表（Jump List）、系统故障快速修复等。改进了的安全和功能合法性还会把数据保护和管理扩展到外围设备。多功能任务栏的 Aero 效果更华丽，有碰撞效果、水滴效果，这些都比 Vista 增色不少。同时大幅缩减了 Windows 的启动时间，据实测，在中低端配置下运行，系统加载时间一般不超过 20 秒，这与 Windows Vista 的 40 余秒相比是一个很大的进步。Windows 7 是迄今为止最为优秀的一款 Windows 操作系统产品。Windows 7 针对家庭用户和企业用户的不同需要提供了 6 种不同的版本：Windows 7 Starter（初级版）、Windows 7 Home Basic（家庭普通版）、Windows 7 Home Premium（家庭高级版）、Windows 7 Professional（专业版）、Windows 7 Enterprise（企业版）、Windows7 Ultimate（旗舰版）。除非特别注明，本章所介绍的技术和功能均为这 6 个版本共有的功能。

2.2.1　启动和退出

1. 启动与登录

每一次打开计算机的电源开关，Windows 操作系统就会自动启动。在启动的开始阶段，系统装载各种驱动程序，检查系统的硬件配置。

如果配置了多个用户或设置了用户密码，那么就会看到一个"登录"界面，如图 2-2 所示。

图 2-2　Windows 登录界面

2. 退出和关闭计算机

正确关闭操作系统的步骤如下：

（1）保存已打开的应用程序中的文档和其他数据，然后退出所有应用程序。

（2）单击"开始"→"关机"命令（如图 2-3 所示），系统将进行关机前的善后处理并自动关机。

图 2-3　关闭 Windows

2.2.2 鼠标的使用

当鼠标在平板上移动时，计算机屏幕上的鼠标指针也随之移动。鼠标指针在不同的位置上会有不同的形状，所代表的意义也不同。如表 2-1 所示是部分常见的鼠标指针形状及相应的功能。

表 2-1 鼠标指针形状及相应的功能说明

指针形状	功能说明	指针形状	功能说明	指针形状	功能说明
▷	正常选择	⊘	不可用	✛	移动
▷?	帮助选择	↕	垂直调整	↑	候选
▷○	后台运行	↔	水平调整	✎	手写
○	忙碌	⤢	沿对角线调整 1	☞	超链接
✛	精确定位	⤡	沿对角线调整 2	I	选定文本

典型的鼠标有左、右两个键。左键设置为主键，用于大多数鼠标操作，右键设置为次键，用于打开快捷菜单。

鼠标的基本操作有以下几种：

- 指向：用手握住鼠标器在平板上滑动，使鼠标指针对准某个对象。
- 单击（单击左键）：快速按下鼠标左键并立即释放。
- 右击（单击右键）：快速按下鼠标右键并立即释放。
- 双击：连续两次快速按下左键并立即释放。
- 拖动：按住左键不放，移动鼠标，在另一个地方释放左键。
- 右键拖动：按住右键不放，移动鼠标，在另一个地方释放右键。

2.3 桌面

桌面就是打开计算机并登录到 Windows 系统后到关闭计算机前出现的主屏幕区域的内容，即系统运行 Windows 后所看到的主屏幕界面。

桌面是计算机工作的平台，当利用桌面工作时，就像在一张真正的桌子上工作一样，可以写日记、绘图或者玩游戏。桌面包含了两大部分：一部分是桌面本身，另一部分是任务栏，如图 2-4 所示。

有时看到的桌面可能和图中所示并不完全一致，但基本部分还是相同的，可以根据自己的喜好进行个性桌面的设置。桌面上摆放着一些经常用到的和特别重要的工作图标，可以利用图标在桌面上快速启动一个需要使用的资源，使用完毕后，关闭相应资源回到桌面。桌面的主要组成部分如表 2-2 所示。

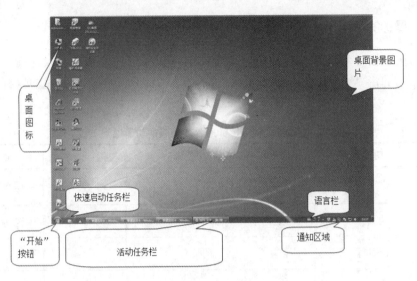

图 2-4　Windows 桌面

表 2-2　主画面组成部分及各图标的功能或作用

名称	说明
桌面	桌面是任务栏以上的所有内容。打开的每一个程序都出现在桌面上的一个窗口内。可以设置桌面的背景图片和屏幕保护
桌面图标	在桌面上有一些图形和文字结合在一起的小图形，称为图标。图标附带的文字说明了这个图标的用途。如"我的电脑"——在该窗口中包括了计算机系统中的各种资源设置，主要包括硬盘驱动器、光盘驱动器以及控制面板；"回收站"图标——双击该图标可以显示出以前删除的文件名，并可以从中恢复一些有用的文件。这些图标类似于办公桌上放着的各种常用办公用品，通过它可以快速启动一个应用程序
"开始"按钮	单击"开始"按钮可以进入 Windows 操作系统的"开始"菜单
快速启动任务栏	通过它只需单击鼠标即可访问经常使用的程序
活动任务栏	任务代表打开的程序窗口。活动任务栏可用于方便地实现各应用程序窗口之间的切换
语言栏	语言栏是一个浮动的工具条，可以浮动在桌面上，也可以显示在任务栏上。利用它能够轻易地切换键盘输入法等与文本输入有关的工作
通知区域（系统任务栏）	用于显示系统当前运行在后台的应用程序的快捷图标，来自这些程序的消息出现在通知区域上的提示框内。如时钟显示程序任务图标——显示当前时间；音量控制图标——单击该图标，可以调节播放声音的音量

　　1．"开始"按钮和"开始"菜单
　　"开始"菜单是一个智能化的菜单，单击"开始"按钮 将显示"开始"菜单。
　　"开始"菜单的最上面显示了当前登录的用户名，左边是程序列表和搜索工具，右边包括了快捷文件夹、硬件设置、帮助系统，如图 2-5 所示，其功用如表 2-3 所示。
　　"开始"菜单是日常工作的起点。当单击"所有程序"图标时会弹出"程序"菜单，其中会列出在系统中安装的程序。例如要启动"计算器"应用程序，则单击"开始"→"所有程序"→"附件"→"计算器"，如图 2-6 所示。

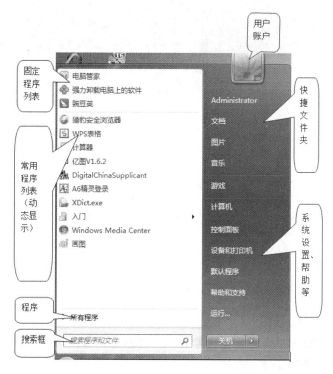

图 2-5　"开始"菜单

表 2-3　"开始"菜单结构说明

结构区域	说明
用户账户	在菜单顶部显示的是当前计算机用户名称
固定程序列表	默认显示的 Web 浏览器 Internet Explorer 和 E-mail 邮件程序 Outlook 图标,分别用于打开系统默认安装的浏览器和打开系统默认安装的电子邮件收发工具
常用程序列表	常用程序列表显示用户访问过的程序,经常使用的程序图标位于此区域顶部,使用频度低的程序图标位于此区域底部。在默认状态最多可以显示 30 项常用程序图标,当达到 30 项时,较不常用的程序图标将被更常用的程序图标替换
所有程序	显示计算机上安装的所有程序的列表,启动一个应用程序或打开一个窗口进行具体操作
快捷文件夹	"文档"、"图片"、"音乐"、"计算机"文件夹是系统默认生成的,打开它们,可以分别存储不同类型的文件和程序。单击"计算机"图标,显示的窗口中有本地计算机信息存储状况,并授权用户管理访问查看硬盘驱动器、存储设备以及多用户共享文件;可以通过"网上邻居"共享网络资源(包括本地局域网资源和 Web 或 FTP 站点资源)
系统设置	"控制面板"调整计算机系统设置操作,包括系统性能和维护、网络设置、用户账户、删除和添加程序、自定义计算机外观和功能选项
帮助和支持	"帮助和支持"——打开"帮助和支持中心"为用户提供中文 Windows 的联机帮助主题、教程文章和支持服务等信息
搜索和运行	"搜索"允许用户在本地计算机、网络或互联网、通讯簿上根据文件名、文件大小或日期等查找文件、文件夹或其他计算机;"运行"——为用户提供了以直接输入命令行的形式来启动某个程序或打开文件夹等
关机	显示关闭、重新启动、待机或"休眠"模式等选项

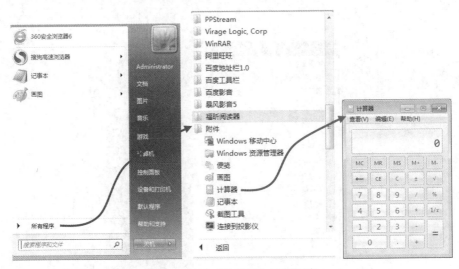

图 2-6　启动"计算器"应用程序

2. 任务栏

"任务栏"位于桌面下方，是操作系统的重要组成部分，包括快速启动任务栏、活动任务栏和通知区域（或称系统任务栏）三个部分，如图 2-4 所示。

（1）快速启动任务栏。

位于任务栏左端，是一个可选部件，提供对某些常用程序的快速启动方式（单击运行方式）。

（2）活动任务栏。

是任务栏的主要部分，显示系统正在运行程序的图标按钮。

操作系统可以同时运行多个任务，也就是说，可以一次打开多个应用程序。不过，每次只能有一个应用程序的窗口处在屏幕前端，这个应用程序叫做"前台程序"，其他打开的应用程序处在屏幕后端，叫做"后台程序"。

如果同时打开了多个应用程序，那么在"活动任务栏"尚未占满时，每一个应用程序都会用一个按钮在任务栏上显示，当打开程序太多而使任务栏空间不足以显示每一个按钮时，应用程序按钮将进行合并，同一个程序打开的多个文件显示为一个按钮组，并在按钮组上显示实例数目。单击按钮组，展开实例按钮。如图 2-4 所示，有 3 个 IE 应用程序的实例在运行。

单击任何一个应用程序的按钮，它的应用程序窗口立即显示在桌面的最表层，使之成为前台程序。

（3）语言栏。

是一个浮动的工具条，原则上不是工具栏的组成部分，不过它一般最小化在任务栏上，主要进行键盘输入语言菜单的设置与选择。

（4）通知区域（系统任务栏）。

通知区域（系统任务栏）位于任务栏最右端，它的得名源于它偶尔会在屏幕上显示一些通知消息，它还显示系统开机即运行的一些系统程序图标，如音量图标、时间图标 11:16 等。利用系统图标，可以进行系统程序的一些快捷设置处理。

3. 桌面图标

在桌面上有一些图形和文字结合在一起的小图形，称为图标。图标附带的文字说明了这个图标的用途。桌面上摆放着一些经常用到的和特别重要的工作图标，只要双击相应的图标就可以方便、快速地启动应用程序、打开文件或访问某个硬件设备。

不同的计算机其桌面上所出现的图标可能有所不同，但是一些比较常见的图标是共有的，如表 2-4 所示。

表 2-4 桌面常见图标

名称	图标	说明
回收站		暂时存放从硬盘删除的文件（夹）
计算机		显示连接到本机的驱动器和硬件，是进行文件管理和磁盘管理的主要工具
网络		显示到网站、网络计算机、FTP 的快捷方式，是进行网络配置的主要工具
文档		系统默认保存文件的系统文件夹，不同的用户使用同名但在不同位置的文件夹

还可以为经常使用的应用程序或硬件设备在桌面上创建图标，即快捷方式图标（快捷方式图标有一个明显的特征就是图标上有一个小黑箭头，如），以后启动应用程序或硬件设备时，只需双击桌面上的快捷方式图标即可。

2.4 基本图形元素的认识与操作

图形界面的三要素是窗口、对话框、菜单，如图 2-7 所示。

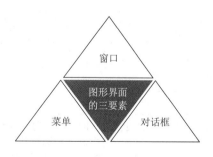

图 2-7 图形界面三要素

1. 窗口操作

（1）认识窗口。

在 Windows 中，程序的运行表现为出现一个程序实例的窗口。系统中有各种不同的窗口，它们的外观基本一致，窗口从上到下依次分成"路径栏"、"菜单栏"、"工具栏"、"工作区"、"状态栏"等几个部分。其中在标题栏上有窗口的"窗口控制区"、"窗口标题"、"窗口控制按钮"。如图 2-8 所示是资源管理器的窗口。

典型窗口的组成及说明如表 2-5 所示。

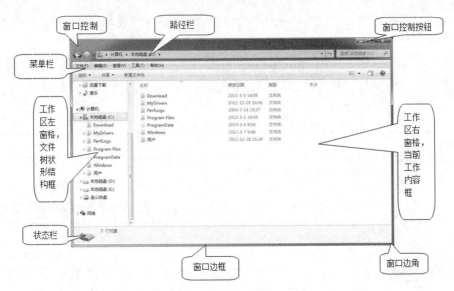

图 2-8　"资源管理器"窗口

表 2-5　典型窗口组成

名称	说明
路径栏	位于窗口上端，显示当前工作内容所在的路径
窗口控制区	位于窗口左上角区域，单击该区域就可以打开控制菜单，双击可以关闭窗口
窗口控制 按钮	位于窗口右上角标题栏的最右端，有三个按钮。单击"最大化"按钮 ▢ 后，窗口扩大到整个屏幕，同时最大化按钮变成"恢复"按钮 ▢ 。单击"恢复"按钮，窗口将恢复到原来大小。单击"最小化"按钮 ▭ 可使窗口缩为任务栏上的一个图标。单击"关闭"按钮 ✕ 则将本窗口关闭
菜单栏	位于标题栏下面，常见的菜单项是"文件"、"编辑"、"查看"与"帮助"。窗口不同，菜单栏的内容也会发生一些变化。当单击其中的某一菜单项时会出现相应的下拉菜单
工作区	窗口的内部区域称为工作区。资源管理器窗口将工作区分成两个窗格，左窗格为文件夹树形结构框，右窗格为当前文件夹内容框，可以很方便地进行文件（夹）的管理操作
状态栏	位于窗口的底部，用于显示当前的操作状态等
窗口边框	窗口边界。将鼠标移动到左面的边框或右面的边框时，光标指针变成水平状，此时拖动鼠标可在水平方向上改变窗口的大小。同样，将鼠标移动到上面的边框或下面的边框时，光标指针变成垂直状，此时拖动鼠标可在垂直方向上改变窗口的大小。将鼠标移动到边角时，拖动鼠标可在水平与垂直方向上同时改变窗口的尺寸。窗口处于最大化状态时，边框不可见，此时不能对边框进行操作

　　单击位于窗口左上角标题栏最左端的控制图标可以打开控制菜单，如图 2-9 所示。使用控制菜单命令可以改变窗口的尺寸和位置，可以关闭窗口。

　　（2）窗口操作。

　　窗口操作是 Windows 最基本的操作，主要包括：移动窗口、窗口的最大化和最小化、窗口切换和关闭窗口等，如图 2-10 所示。

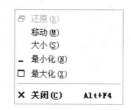

图 2-9　窗口的控制菜单

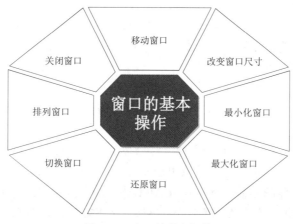

图 2-10　窗口的基本操作

1）移动窗口。

将鼠标指针移动到窗口的标题栏上，按住左键并拖动鼠标即可移动窗口，把窗口拖放到桌面上的其他地方。

当窗口处于最大化状态时，由于窗口本身已充满整个屏幕，因此不能再改变窗口在屏幕上的位置。

2）改变窗口尺寸。

把鼠标指针移动到窗口边缘或边角上，鼠标指针就会自动地变成双箭头形状（$\updownarrow$上下调整，$\leftrightarrow$左右调整，$\nwarrow$沿左上右下对角线调整，$\nearrow$沿右上左下对角线调整），这时就可以改变窗口尺寸，按住左键拖动鼠标，在窗口缩放到合适尺寸时释放。向内拖动是缩小窗口，向外拖动是扩大窗口，有一个轮廓线标明窗口的最终大小和位置。

窗口处于最大化状态时，边框处于隐藏状态，不能对它进行操作。

3）最小化窗口。

单击窗口上的"最小化"按钮，或者打开窗口的控制菜单并选择"最小化"命令，可使窗口缩为一个图标，其图标不再显示在桌面上，而是排列在任务栏上，成为任务栏上的一个按钮。

当桌面上存在多个窗口时，还可一次性地使所有窗口都最小化。在任务栏上右击，在弹出的快捷菜单中选择"显示桌面"选项。与此相对应，在任务栏上右击，在弹出的快捷菜单中选择"撤消全部最小化"选项，即可取消刚才最小化所有窗口的操作。

4）最大化窗口。

单击窗口上的"最大化"按钮，或者打开窗口的控制菜单并选择"最大化"命令，则窗口扩大到整个屏幕。

5）还原窗口。

将最小化或最大化的窗口恢复到原来的状态，可采用以下几种办法：

- 单击窗口右上角的"还原"按钮 。
- 对已最小化的窗口，单击任务栏上对应于该窗口的按钮。
- 对已最大化的窗口，单击窗口左上角的图标打开控制菜单，然后选择"还原"选项。

6）切换窗口。

所有桌面上的窗口只有一个处于激活状态，称为"前台窗口"，它的标题栏以深蓝色为背景，并且覆盖在其他窗口之上。同样，前台窗口在任务栏上的按钮也显得亮一些，看上去好像被按下去了一样。其他的窗口称为后台窗口，标题栏的背景是深灰色的。

窗口切换的方法有以下以下几种：

- 单击要激活的窗口所能见到的任何部分。
- 在任务栏上找到要激活的窗口按钮并单击。假设有些打开的窗口处于最大化状态，遮住了要激活的窗口，那么这是最好的切换办法。
- Alt+Tab 组合键：按住 Alt 键不放，然后按 Tab 键，这时屏幕上会出现一个小窗口，窗口内会显示所有正在运行的应用程序的图标。按住 Tab 键在图标之间切换，直到需要切换的程序图标被选择后释放 Alt 键和 Tab 键，完成任务切换。
- Alt+Esc 组合键：按住 Alt 键不放，再按一下 Esc 键，这时系统会在所有已经打开的窗口间顺序切换。

7）排列窗口。

当多个窗口出现在桌面上时，可以有三种方式来排列窗口：层叠窗口、堆叠显示窗口、并排显示窗口，如图 2-11 所示。

（a）层叠窗口　　　　（b）堆叠显示窗口　　　　（c）并排显示窗口

图 2-11　三种窗口排列方式

右击任务栏空白处或程序文件按钮组，在弹出的快捷菜单中可选择窗口的排列方式，如图 2-12 所示。

图 2-12　窗口排列方式菜单

8）关闭窗口。

当窗口或应用程序完成工作后，可以保留这个已打开的窗口或关闭它。如果打开了许多窗口，桌面将变得杂乱无章。打开过多的应用程序对系统运行也不利。基于以上原因，窗口在使用完毕后应该将其关闭。

关闭窗口的方法有很多，如下：

- 单击窗口右上角的"关闭"按钮 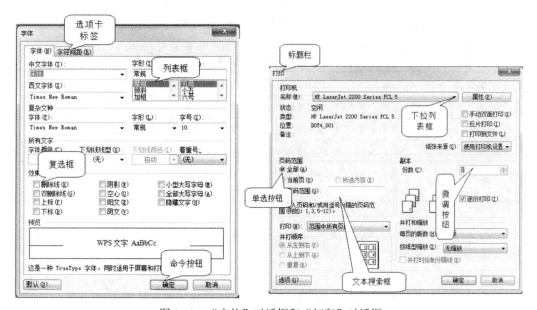 。
- 双击窗口左上角的窗口控制区。
- 单击窗口左上角的窗口控制图标，打开控制菜单，然后选择"关闭"选项。
- 假如关闭的是一个应用程序，则单击"文件"→"退出"命令。
- 右击任务栏上该窗口的按钮，系统将显示该窗口按钮的快捷菜单，选择"关闭"选项。
- 使用键盘也可以方便、快捷地关闭窗口，只需按 Alt+F4 组合键即可立即关闭。

2．对话框操作

对话框，顾名思义，主要是用于人与系统之间的信息对话，如运行程序之前或完成任务时必要的信息输入，或者对于对象属性、环境设置的更改等。

选择应用程序或文档窗口中带省略号的菜单时，将弹出对话框。对话框是一种特殊的"窗口"，对话框与窗口类似，但对话框顶部没有工具栏，而且对话框的尺寸大多也是固定的，不像窗口那样可随意更改。

（1）认识对话框。

系统中有各种各样的对话框，大小形状各异，标准不一，对话框主要由标题栏、选项卡标签、输入框、按钮等控件组成。如图 2-13 所示是"字体"对话框和"打印"对话框。

图 2-13　"字体"对话框和"打印"对话框

标题栏显示对话框标题，并在最右边显示一个对话框的帮助按钮和一个窗口关闭按钮。对话框中各控件的功能说明如表 2-6 所示。

表 2-6　对话框控件

控件	说明
选项卡标签	选项卡相互重叠，每个选项卡都有一个选项标签（即上部突出的小块）。可通过单击选项卡标签在选项卡之间进行切换
命令按钮	矩形带有文字的按钮为命令按钮。单击命令按钮之后，将启动相应的 Windows 操作
微调按钮	矩形输入框的最右端有两个三角箭头标记的小按钮。单击箭头向上的按钮可使数字增加，单击箭头向下的按钮可使数字减少。也可以在矩形输入框中直接输入数据
单选按钮	项目前的圆形框：单击空心的单选按钮之后，中间则被加上一个圆点，表示该单选项目被选中。在同一组单选按钮中，某一时刻只能有一个单选按钮被选中
复选框	项目前的方形框：如被选中，方框中会出现"√"标记。单击空的复选框，复选框则被选中，再次单击该复选框，则会取消刚才的选择
文本框	矩形输入框，可以在文本框中输入信息
列表框	列表框为我们提供了参考的对象，可在其中选择，但不能修改列表框中的内容
下拉列表框	矩形输入框的右侧有一个向下的箭头标记。既可以在输入框中直接输入信息，也可以单击其右侧的下拉箭头，在下拉列表中选择内容

（2）对话框的移动与关闭。

单击标题栏右端的"关闭"按钮，可关闭对话框。此时，如果对话框中的设置刚被修改过，可在弹出的询问对话框中单击"确定"按钮，否则单击"取消"按钮退出对话框。

3．菜单操作

菜单是一张命令列表，用来完成已定义好的命令操作。系统的基本操作命令都可以从菜单中选取，而无需记住每一个命令的操作代码。系统的 4 种典型菜单如表 2-7 所示。

表 2-7　4 种典型菜单

菜单类型	打开方式
"开始"菜单	单击"开始"按钮弹出的菜单，如图 2-5 所示
快捷方式菜单	右击对象产生的"热"菜单，或称"弹出式菜单"
控制菜单	单击窗口"控制"图标所产生的菜单，如图 2-9 所示
窗口菜单栏上的下拉菜单	只需单击窗口菜单栏上的某一项，即可打开该项所包含的下拉菜单，如图 2-14 所示

窗口的菜单栏通常由多个下拉菜单组成，在下拉菜单中又有若干个选项。下拉菜单的操作主要包括选择菜单和撤消菜单。

（1）选择菜单。

选择菜单时，只需单击菜单栏上的某一项，即可打开该项所包含的下拉菜单，将鼠标移动到下拉菜单上的某个命令项并单击（也称为"选中"）即可执行所选的命令。

例如，在"计算机"窗口中按内容大小排列图标，可以单击"我的电脑"窗口菜单栏的中的"查看"→"排列方式"→"大小"命令，如图 2-14 所示。

图 2-14 菜单中命令项的选择过程

（2）撤消菜单。

当打开菜单后，如果不想执行菜单中的任何命令，可以撤消对菜单的选择。此时，只需要单击菜单外的任何区域，或按 Alt 键、或 Esc 键即可关闭菜单。

（3）菜单的约定。

正常的菜单命令用黑色字符显示，打开菜单会发现菜单命令有多种显示形式。不同菜单命令的显示形式有着不同的功能约定，如表 2-8 所示。

表 2-8　菜单约定

菜单形式	示列	说明
灰色字符的菜单命令	粘贴(P)	当前该命令情形无效，不能使用
带···的菜单命令	更多(M)...	单击该命令会弹出相应对话框
名字后带 ▶ 的菜单命令	新建(W)　　　　　▶	单击该命令会弹出下级子菜单
名字后带组合键的菜单命令	全部选定(A)　　Ctrl+A	组合键为该命令快捷键
名字前有图标的菜单命令	🖶 打印(P)	工具栏显示该命令工具图标
名字前带 ✔ 的菜单命令	✔ 锁定任务栏(L)	表示该命令起作用
名字前带 ● 的菜单命令	● 平铺(S)	同组选项中该命令起作用
向下的双箭头	⌄	鼠标指向它，显示完整菜单
分组线	———————	形成菜单命令组

2.5　使用帮助

使用帮助系统很重要，它可以使用户更快地了解和掌握 Windows，打开帮助系统的方法有以下几种：

- 单击"开始"→"帮助和支持"选项。
- 在"计算机"或"资源管理器"窗口中选择"帮助"→"帮助和支持"选项。
- 在"计算机"或"资源管理器"窗口中按 F1 键。

Windows 提供了"帮助和支持中心"，如同一本随机使用手册，用来帮助学习操作系统的各个方面。帮助主题、概述、文章和指南引导完成任务或发现新功能，寻求网上解决问题的方法。当打开"帮助和支持中心"时，屏幕显示该窗口的主页（如图 2-15 所示），上面显示的几个区域提供访问信息的方法。

图 2-15　"帮助和支持中心"窗口

通过网站 http://support.microsoft.com 可以访问网络上最权威的帮助信息。

2.6　文件资源管理

文件是计算机领域的重要概念之一，它表示被赋予了名称并存储在磁盘上的一组关联信息的集合。当数据集合成一组记录的数据、一份文档的数据、一张照片、一首歌曲、一段视频、一封电子邮件或一段程序等存放在存储介质中后，就称它们为"文件"。操作系统的一个非常重要的部分便是其文件系统，用以实现对文件的操作和管理。

2.6.1　文件、文件夹与路径

信息的存取按"文件"的方式进行。不管是信件、声音还是图像，最终都将以文件形式被存储起来。在计算机外存储器中可以存储很多文件，为了便于识别，每个文件都有一个文件名，在使用时"按名存取"。

1．文件（夹）的命名规则

每个文件都有一个文件名，也可以有一个文件扩展名，当保存一份文件时，必须遵循计算机文件命名规则，为文件提供一个合法的有意义的文件名，做到"见名知义"。

文件名可由英文字母、汉字、数字、符号等字符组成，其命名规则为：

（1）文件名最多可使用 255 个字符。

（2）可以包含多个"."。例如，可用 2009.1.1 作文件名。

（3）可以包含空格，但不能包含：反斜线（\）、斜线（/）、冒号（:）、星号（*）、问号（?）、双引号（"）、小于号（<）、大于号（>）和竖线（｜），它们均为 ASCII 字符。

（4）保留文件名中的大小写字符，但在确认文件时不区分它们。如 Wordpad.exe 和 WORDPAD.EXE 将被视为同一个文件。

（5）Aux、Com1、Com2、Com3、Com4、Con、Lpt1、Lpt2、Prt、Nul、CLOCK $为串行接口、键盘与显示器、并行接口、系统时钟的系统保留字，磁盘文件名不能取为保留字。

2．文件扩展名

一个文件扩展名是从文件名里分出来的可选文件标识，文件名系统中的最后一个"."后面的字母称为文件名后缀或文件扩展名，通常表示文件的类型。如 Setup.exe，它的扩展名.exe 表示该文件是一个可执行文件。对于一个文件，只有拥有正确的扩展名，相关文件列表中才能看到并打开它。例如，以.doc 为扩展名的文件只能在 Word 或其他认可该扩展名的软件中被打开并进行编辑排版，以.psd 为扩展名的文件只能在 Photoshop 或其他认可该扩展名的软件中被打开并进行编辑修改。表 2-9 列出了常用文件扩展名。

表 2-9　常用文件扩展名和图标

扩展名	图标	类型含义	扩展名	图标	类型含义
.EXE		可执行文件	.JPG		一种常用的图像文件
.COM		命令程序文件	.WAV		声音文件，存放声音的频率信息
.BAT		批处理文件	.DLL		动态链接库文件
.ZIP 或.RAR		压缩文件	.FON		字体文件
.TXT		文本文件	.CLP		剪贴板文件
.DOC		Word 文档文件	.INI		初始化配置文件，存放 Windows 运行环境信息
.WRI		书写器应用程序所编辑的文档	.SYS		系统文件
.XLS		Excel 文档文件	.DRV		驱动程序文件
.HTM		网页文档文件	.HLP		帮助文件，存放帮助信息
.BMP		一种常用的图像文件	.TMP		临时文件

常见的文件类型有：

（1）可执行程序文件。可执行程序文件是计算机可以识别的二进制编码，其文件扩展名为 COM 或 EXE，双击这些文件的图标即可启动相应程序。可执行程序文件的图标一般随程序的不同而不同，如图 2-16 所示的图标就是一些可执行程序文件的图标。

control.exe   dccw.exe   dxdiag.exe   FlashPlayerApp.   msdtc.exe   notepad.exe

图 2-16   部分可执行程序文件的图标

（2）文本文件。文本文件是由 ASCII 码字符组成的文件，通常文本文件可由可执行程序打开文件显示或打印。常见的文本文件扩展名及说明为：TXT（纯文本文件）、DOC（Word建立的文本）、WRI（写字板建立的文本）、RTF（Word 等建立的丰富格式文档）。

（3）图像文件。图像文件中以不同的格式存储着图片的信息。常见的文件扩展名及说明为：BMP（位图文件）、JPG（采用 JPEG 算法压缩的图像文件）、GIF（GIF 格式的图像文件）。

（4）多媒体文件。存储多媒体信息的文件，常见的类型有：MID（MIDI 序列文件）、AVI（视频文件）、WAV（声音文件）。

（5）其他文件类型。

除以上常用的文件类型外，还有诸如扩展名为 DBF 和 XLS 的数据文件，扩展名为 TTF 和FON 的字体文件，扩展名为 OVL、SYS、DRV 和 DLL 的支持文件，扩展名为 ZIP 和 ARJ 的压缩文件，扩展名为 HLP 的帮助信息文件，扩展名为 HTM 或 HTML 的网页文件等。

3．文件名通配符

在文件查询和显示时可以使用"?"和"*"这两个通配符。其中"*"表示任意多个任意字符，而"?"表示任意一个字符。

*.DOC 表示所有以 DOC 为扩展名的文件；AAA.?表示文件主名为 AAA，扩展名为任意一个字符的所有文件；A?B.*表示文件主名含有三个字符，第一个字符为 A，第二个字符为任意一个字符，第三个字符为 B，扩展名任意的文件；?.TEM 表示所有文件主名为一个字符，扩展名为 TEM 的文件；*.*表示所有的文件。

例如，有如下一些文件：

Chime.wav

Chord.wav

Ding.wav

Report.doc

Chinatip.txt

则*.wav 表示的文件有：Chime.wav、Chord.wav、Ding.wav；C????.*表示的文件有：Chime.wav、Chord.wav；C*表示的文件有：Chime.wav、Chord.wav、Chinatip.txt。

4．文件夹、路径和文件标识符

文件是计算机系统的重要资源，为了方便管理和查找，文件的管理采用了一种文件夹"树型结构"管理系统。

文件夹是组织文件的一种方式，可以把同类型文件保存在一个文件夹中，也可以根据用途把文件保存在一个文件夹中。文件夹的大小由系统自动分配。计算机资源可以是文件、硬盘、显示器、键盘等，将计算机资源统一通过文件夹来管理可以规范资源管理。用户不仅通过文件夹来组织管理文件，也可以通过文件夹来管理其他资源，如"开始菜单"、"控制面板"都是一个文件夹。

文件夹中可以包含程序、文档、打印机等设备文件和快捷方式，还可以包含下级文件夹。由于各级文件夹之间有相互包含关系，使得所有的文件夹成为一种树型结构。"树型结构"管理文件的优点在于分类分层次管理文件对象。如图 2-17 所示，图标 所代表的是文件夹，图示的左边显示了当前计算机的文件夹树型结构。

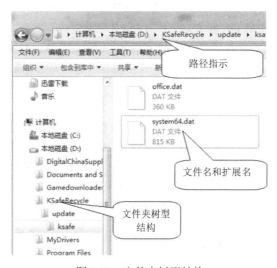

图 2-17　文件夹树形结构

要对一个文件进行操作时，首先要了解它所在的位置和名字，也就是要知道它在哪个磁盘上、在磁盘的哪个位置、叫什么名字。

描述在哪个磁盘上，使用磁盘盘符（字母与冒号）表示，如 D:表示硬盘驱动器。

描述在磁盘上的哪个位置，使用"路径"表示，路径是用反斜杠"\"隔开的一系列子文件夹名，如"A01\第二章\论文\中国远程教育"。

描述文件名，通常有两个部分：一个是主文件名，是文件主体的标识，另一个是文件扩展名，以一个点"."与主文件名分开，通常表示文件的类型。如文件"自主学习的策略与实现.doc"的主文件名为"自主学习的策略与实现"，扩展名为.doc。

因此，要完整地标识一个文件，需要 4 个部分：

　　　　[盘符]　[路径]　<主文件名>　[.扩展名]

用[ ]括起来的内容表示它在一定的条件下可以省略（例如该文件在当前盘上，或者它在当前目录下），用< >括起来的内容表示此项不能省略。

2.6.2　文件管理工具

最基本也是最方便的文件管理方法是使用"计算机"或"资源管理器"这两个强大的文件管理工具，它们除了可以完成文件的一般管理工作（如文件的建立、删除、复制等）外，还可以启动应用程序、管理打印机、管理计算机资源的设置和使用等。

1.　"计算机"和"资源管理器"窗口

（1）打开"计算机"窗口

双击桌面图标"计算机" 或单击"开始"→"计算机"选项，即可打开如图 2-18 所示的"计算机"窗口。

图 2-18　"计算机"窗口组成

（2）打开"资源管理器"窗口

打开"资源管理器"窗口的几种方法：

● 单击"开始"按钮，选择"所有程序"→"附件"→"Windows 资源管理器"选项。启动后的"资源管理器"窗口如图 2-19 所示。

● 在"开始"按钮上右击，在弹出的快捷菜单中选择"资源管理器"选项。

● 右击桌面上的"我的电脑"、"我的文档"和"回收站"等系统桌面图标，系统将显示右键快捷菜单，尽管右键快捷菜单的内容不尽相同，但都包含"资源管理器"选项，单击该选项即可启动资源管理器。

资源管理器以树型目录形式显示文件和文件夹，在一个窗口中可以同时看到源文件夹和目标文件夹，可以方便地对文件进行操作。通过资源管理器的树型层次化窗口使我们容易了解一个文件夹是否包含子文件夹。当文件夹图标左边出现 ▷ 时，表示该文件夹包含下一级文件夹，单击 ▷，该文件夹将向下展开，显示其下一级文件夹的内容。当文件夹图标左边出现 ◢ 时，表示该文件夹已经展开，单击 ◢ 可以将展开的文件夹收缩。当文件夹图标左边没有任何标记时，表示该文件夹已处于最底层，即该文件夹的下面不再包含任何下一级文件夹。在"文件夹树型结构框"中，单击驱动器或文件夹的名称，该驱动器或文件夹成为当前项，即被选中，此时右窗格中将显示当前项中所包含的文件夹和文件；双击某驱动器或文件夹的名称，该驱动器或文件夹成为当前项，右窗格中也将显示当前项中所包含的文件夹和文件，同时将已展开的当前项收缩或将已收缩的当前项展开。

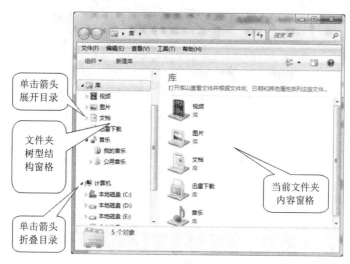

图 2-19　资源管理器树型结构

2. 设置"资源管理器"的外观和工作方式

在"资源管理器"窗口中，单击"工具"→"文件夹选项"命令，弹出"文件夹选项"对话框，如图 2-20 所示。

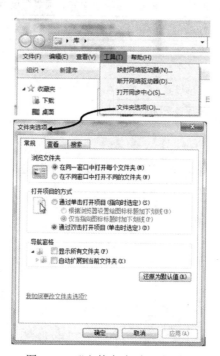

图 2-20　"文件夹选项"对话框

（1）"常规"选项卡

"常规"选项卡中可以选择文件夹的外观和行为，如图 2-20 所示。

（2）"查看"选项卡。

"查看"选项卡提供了更多的高级设置，如图 2-21 所示。

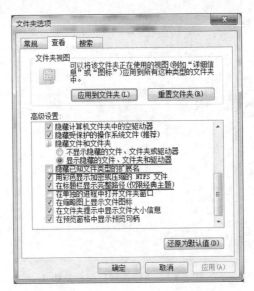

图 2-21   "查看"选项卡

在"查看"选项卡的设置中，特别注意 3 项高级设置，如表 2-10 所示。

表 2-10   "查看"选项卡中的 3 项高级设置

设置项目	设置建议
隐藏文件和文件夹	设置为"显示所有文件和文件夹"，可以显示出设置为"隐藏"属性的文件（夹）对象
隐藏已知类型文件的扩展名	此项设置为无效，在系统中注册的文件类型其扩展名仍显示出来
在标题栏显示完整路径	此项设置为有效，在窗口标题栏显示当前文件夹的路径

（3）"搜索"选项卡。

"搜索"选项卡提供了搜索功能的一些常规设置，如图 2-22 所示。

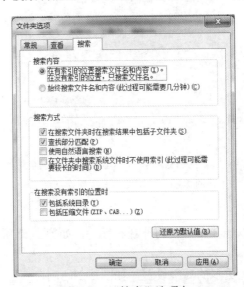

图 2-22   "搜索"选项卡

3. 文件夹内容的显示方式

单击"查看"菜单，在其下拉菜单中可以设置文件夹内容的不同显示方式。文件夹内容显示方式如表 2-11 所示。

表 2-11　文件夹内容显示方式

显示方式	说明
内容	显示文件夹中图片的缩小尺寸
平铺	显示标准文档和文件夹图标并在右侧显示文件夹或文件名。对于文档来说，还会显示一些诸如大小等文件信息
图标（各种大小）	以大图标显示每一项的图标和名称，没有更详细的内容
列表	以小图标显示每一项的图标和名称，没有更详细的内容
详细信息	显示每一项的小图标和很多信息，在顶端会显示列标题

几种显示方式的效果如图 2-23 所示。

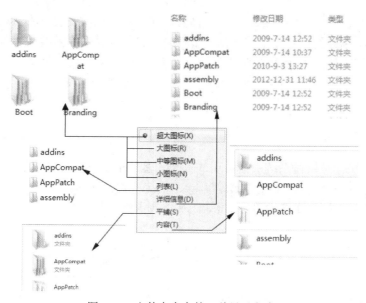

图 2-23　文件夹内容的 5 种显示方式

当要切换不同的文件夹内容显示方式时，有以下几种方法：

- 单击"查看"菜单进行选择。
- 右击内容窗格空白处，单击快捷菜单中的"查看"级联菜单进行选择。
- 单击工具栏中的"查看"按钮，然后选择查看方式。

4. 图标的排列

单击"查看"→"排列图标"，弹出级联菜单，包括：名称、类型、大小、修改日期等多个选择，如图 2-24 所示。

- 名称：按文件夹和文件名的字典次序（字母的顺序 A→Z）排列图标。
- 类型：按文件扩展名的字典次序排列图标。
- 大小：按文件的存储空间大小次序排列图标。

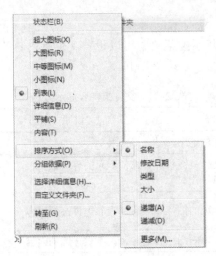

图 2-24　排列图标级联菜单

● 修改日期：按文件的修改日期排列图标。

当以"详细资料"方式显示文件夹内容时，右窗格上部有一行列标题，单击列标题"名称"、"大小"、"类型"和"修改日期"中的某一项，就可以改变文件图标的升/降序排列方式。每单击一次，排列的顺序将倒转一次。如原来的文件排列顺序是按从小到大的顺序排列，单击"大小"列标题后，文件排列顺序将按从大到小的顺序排列。同样，如原来的文件排列顺序是按字母从 A 到 Z 的顺序排列，单击"名称"列标题后，文件排列顺序将按从 Z 到 A 的顺序排列。

2.6.3　文件管理操作

文件的管理操作是操作系统中最常用的操作，基本的文件和文件夹操作有查找、新建、重命名、属性更改与设置、复制、移动、删除、快捷方式建立等。

首先，要明确文件管理操作的三个重要步骤，如图 2-25 所示。

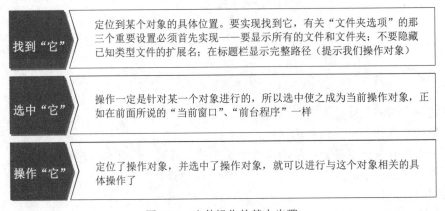

图 2-25　文件操作的基本步骤

在进行具体操作时，所选择的操作方式也可以概括为 4 种：

（1）菜单法。

即使用菜单命令完成操作，这是所有文件管理操作都适用的操作方式。这种方式进一步分为"菜单栏下拉菜单法"和右击对象产生的"快捷菜单法"。

（2）图标工具法。

系统为了方便操作，将一些常用菜单命令以"工具图标"的形式列在窗口工具栏上，有关的操作可以直接单击"工具图标"；如果窗口显示"浏览器栏"，则系统会将一些与当前对象相关的常用菜单命令以"任务项图标"的方式智能地显示在"浏览器栏"，单击"任务项图标"也可实现相关的操作。

（3）键盘操作法。

一些菜单命令有其键盘操作的快捷方式，如"复制"——Ctrl+C 等，有关操作可以直接使用键盘快捷方式；下拉菜单命令还有"热键"操作方式（菜单命令后括号中的字母为"热键"，也就是菜单打开时可直接键入"热键"字母完成操作），以纯键盘实现操作；还有就是一些功能键。

（4）鼠标操作法。

图形界面中最为形象、最为简单的操作方式，通过鼠标的点击和拖动实现目标对象的相关操作。使用"鼠标操作法"最多的操作是复制、移动等。

1．查找文件和文件夹

相对于以往的 Windows 系统，Windows 7 的搜索更加简洁、迅速、准确。强大且无处不在的搜索功能可以快速地调用这些散落在不同位置的文件，无需记住它们存放的位置。甚至不需要记住文件的全名，仅需输入文件名称中的部分文字系统即可进行快速搜索，如图 2-26 所示。

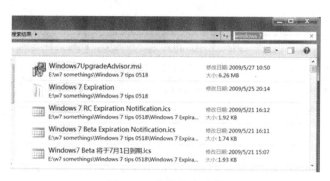

图 2-26　快速搜索功能

（1）运用搜索功能的方法。

运用搜索功能的方法如表 2-12 所示。

表 2-12　运用搜索功能的方法

开始菜单法	• 单击"开始"菜单，可以看到下侧的搜索框 • 在框内输入搜索的程序名称或文件名，输入名称的一部分就会即时出现搜索结果
资源管理器法	• 启动"资源管理器"（方法略） • 搜索框位于窗口右上侧，在框内输入文件名即可进行程序或文件的搜索

（2）搜索的操作步骤。

1）从"开始"菜单搜索程序。单击"开始"菜单，可以看到下侧的搜索框。在框内输入搜索的程序名或文件名，输入名称的一部分，就会即时出现搜索结果。此时可以尽可能地输入完整的文件名，系统会进一步锁定搜索的范围。搜索结果会进行自动分类，可以单击其中的一项类型来展开搜索结果。如图 2-27 所示。

2）锁定文件夹，缩小搜索范围

除了"开始"菜单中的搜索，还可以在 Windows 资源管理器中进行搜索。

2. 选定文件文件夹对象

在对文件或文件夹进行复制、删除、移动、重命名操作之前，必须先对它进行选定。例如在移动文件时，必须先选定待移动的对象，然后还要选择移动文件的目标。选定的对象（如文件、文件夹或磁盘）将变为高亮度，以区别于没有被选中的文件，同时"资源管理器"的状态栏上和浏览器栏详细信息中将同时显示选中对象的个数和选中对象的总容量。可以选定一个对象，也可以选定多个连续或不连续排列的对象。无论选定了多少个对象，如果要取消选择，都可以在高亮度区域之外的空白区域上单击实现。

图 2-27 "开始"菜单搜索功能

（1）选定方法。

鼠标操作是选择文件和文件夹最常用的一种方式，键盘操作是选择文件和文件夹的一种重要补充。选定操作的方法如表 2-13 所示。

表 2-13 选定操作的方法

鼠标操作法	• 直接单击要选择的对象，该对象即被选中，此时文件、文件夹或磁盘变为高亮度 • 按住鼠标左键不放，在要选择的文件周围拖动鼠标选择这些文件
键盘操作法	• Ctrl+A 组合键：将当前窗口的所有内容选定 • Shift+Home 组合键：选取当前文件与窗口顶部第一个文件内的所有内容 • Shift+End 组合键：选取当前文件与窗口底部最后一个文件内的所有内容
"菜单法"	• 在"资源管理器"中打开"编辑"下拉菜单 全选(A)　　　　　Ctrl+A 反向选择(I) 全选："资源管理器"右窗格的所有文件和文件夹均呈高亮度，即全部被选中 反向选择：取消原来已选择的内容，选择原来未选中的文件和文件夹，适合选取大量不连续排列的文件

在实际操作中，鼠标和键盘同时配合操作，完成下面的选取工作：

● 选取单个文件（夹）。指向文件（夹），然后单击。
● 连续选取多个文件（夹）。先单击第一个对象的图标，然后按住 Shift 键，再单击最后一个对象，则在两个对象之间的所有文件或文件夹都被选中。
● 不连续选取多个文件（夹）。按住 Ctrl 键不放，单击多个不连续排列的文件（夹）。当然，在按住 Ctrl 键单击之前也可以已经选中了一个或多个对象。

例如要选中"我的文档"窗口中的 index.asp、new.asp、Replace.asp 三个文件。按住 Ctrl

键不放，依次单击 index.asp、new.asp、Replace.asp，三个文件被选定，如图 2-28 所示。

● 如果要取消对某个文件或文件夹的选择，在按住 Ctrl 键的同时，直接单击该对象即可。

图 2-28　选定多个不连续文件的步骤

3. 新建文件、文件夹及快捷方式

在 Windows 中可以新建一个文件夹，也可以新建文件和快捷方式。

（1）新建文件与文件夹。

主要是使用菜单法，快捷方式的新建还可以使用鼠标右键拖放的方法。

在"资源管理器"中，单击"文件"→"新建"命令，也可以右击右窗格中的空白处在弹出快捷菜单中选择"新建"选项，打开"新建"级联菜单（如图 2-29 所示）分成两个部分：上部分用于新建文件夹和快捷方式，下部分用于创建文件。

图 2-29　"新建"级联菜单

例如在"D:\A01\第二章\wexam"中新建一个文件夹"实习报告"，并在"实习报告"文件夹下创建一个名为"我的第一个文件.TXT"的文本文档，步骤如下：

1）打开"资源管理器"窗口，定位当前文件夹为"D:\A01\第二章\wexam"。

2）单击"文件"→"新建"→"新建文件夹"命令。

3）在资源管理器右侧当前文件夹"D:\A01\第二章\wexam"的内容框中出现名为"新建文件夹"的新文件夹图标，直接输入文件夹名称"实习报告"，然后在空白处单击完成文件夹创建，如图 2-30 所示。

4）双击"实习报告"文件夹，在资源管理器中定位当前文件夹为"实习报告"。

图 2-30　新建文件夹"实习报告"

5）单击"文件"→"新建"→"文本文档"命令。

6）当前文件夹"D:\A01\第二章\wexam\实习报告"的内容框中出现名为"新建文本文档.txt"的新文本文件图标，直接输入文件名称"我的第一个文件.TXT"，然后在空白处单击完成文件创建，如图 2-31 所示。

图 2-31　新建文本文件"我的第一个文件.TXT"

（2）新建快捷方式。

快捷方式是一种对系统的各种资源的链接，一般通过某种图标来表示，使得用户可以方便、快速地访问有关资源。快捷方式图标和普通图标是有区别的，快捷方式图标都带有一个弯曲的箭头，如图 2-32 所示。如果看得到文件扩展名，那么快捷方式的扩展名为.lnk（代表 link，链接）。

不论快捷方式所指向的文件有多大，快捷方式本身都很小，占用 8KB 的空间。这是因为快捷方式不是程序、文件夹或文档的副本，而只是到达该文件的一个引用或指针，类似于一个人的别名。快捷方式不是一个实际的文件，因而删除快捷方式并不删除其指向的程序、文件、文件夹资源，对快捷方式的更名、移动、复制操作也不会对它对应的程序、文件、文件夹资源带来任何影响。

很多地方都可以放置快捷方式，最常见的就是桌面，其次是在"快速启动任务栏"或开始菜单中。

1）在桌面上创建快捷方式。

右击要创建桌面快捷方式的项目，在弹出的快捷菜单中选择"发送到"→"桌面快捷方式"命令，如图 2-33 所示。

图 2-32　普通图标与快捷方式图标　　　　　　图 2-33　发送桌面快捷方式

2）在"快速启动任务栏"或"开始"菜单中新建快捷方式。

先创建一个项目的桌面快捷方式图标，然后按住鼠标左键将其拖放到"快速启动任务栏"或"开始"菜单中的某个位置。

3）通过"创建快捷方式"向导在当前文件夹中创建快捷方式。

在当前文件夹创建快捷方式的操作步骤如下：

①在资源管理器中定位放置快捷方式的文件夹，使之成为当前文件夹。

②单击"文件"→"新建"→"快捷方式"命令启动"创建快捷方式"向导。

③向导有两个主要步骤：一是定位确定的资源，二是为快捷方式取名。

● 在"请输入项目位置"文本框中输入一个确实存在的资源名称，或者通过单击"浏览"按钮，在弹出的"浏览文件夹"对话框中定位资源后单击"确定"按钮。

● 在"键入快捷方式的名称"文本框中输入快捷方式名，也可以使用默认名称。

④单击"完成"按钮。

例如，在 C:盘下为"D:\A01\第二章\wexam"创建一个名为 wexam 的快捷方式。首先，在资源管理器中打开 C:盘，使之成为当前文件夹，其后操作过程如图 2-34 所示。

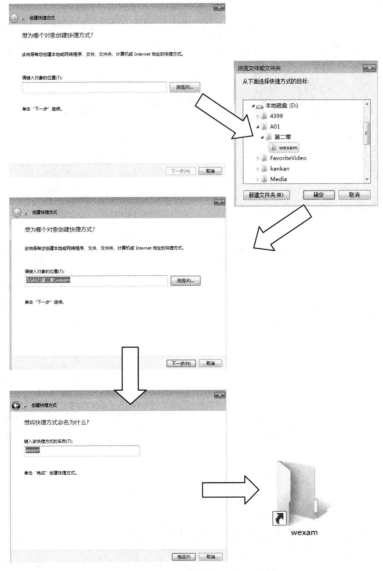

图 2-34 "创建快捷方式"向导

4. 复制与移动文件及文件夹

移动与复制文件及文件夹是经常用到的一种文件操作。既可以将文件或文件夹复制、移动至其他文件夹中，也可以将它们复制或移动至其他的磁盘里进行保存。复制、移动文件的基本步骤如图 2-35 所示。

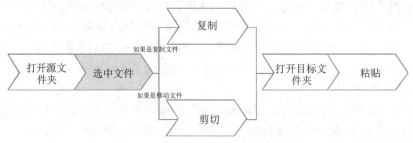

图 2-35　复制、移动文件（夹）的基本步骤

复制是将文件或文件夹复制到新的位置上，原位置保留的文件保持不变；而移动则不同，将文件或文件夹移到新的位置上，原位置的文件将被删除。

复制、移动的基本操作方法如表 2-14 所示。

表 2-14　复制移动的操作方法

菜单法	"编辑"下拉菜单 剪切(T)　Ctrl+X 复制(C)　Ctrl+C 粘贴(P)　Ctrl+V	复制	复制到文件夹 "复制"→粘贴"
		移动	移动到文件夹 "剪切"→粘贴"
	右键快捷菜单 剪切(T)　　自定义文件夹(F)… 复制(C)　→　粘贴(P) 粘贴(P)　　粘贴快捷方式(S)	复制	"复制"→"粘贴"
		移动	"剪切"→"粘贴"
图标 工具法	"浏览器栏"任务图标（智能变化） 复制到文件夹(F)… 移动到文件夹(V)…	复制	复制这个文件 复制这个文件夹 复制所选项目
		移动	移动这个文件 移动这个文件夹 移动所选项目
鼠标 拖放法	移动时显示图标　　复制时显示图标	复制 （⯅+）	不同逻辑磁盘间，直接拖放 同磁盘内，按住 Ctrl 键拖放
		移动 （⯅）	不同逻辑磁盘间，按住 Shift 键拖放 同磁盘内，直接拖放
键盘 操作法	源位置 Ctrl +C 组合键→目标位置 Ctrl +V 组合键	复制	
	源位置 Ctrl +X 组合键→目标位置 Ctrl +V 组合键	移动	

　　例如，使用鼠标拖放法实现将"D:\A01\第二章\示例图片\Tree.jpg"复制到"C:\lx"文件夹下，操作步骤如下：

　　（1）在资源管理器中选中"D:\A01\第二章\示例图片"文件夹，使之成为当前文件夹。

　　（2）在右边的内容框中选中文件 Tree.jpg，按住左键将其向文件夹树型框上移动，此时可以看到移动图标上有指示。

　　（3）按住左键不放，移动图标到 C:盘下的 lx 文件夹图标上（蓝色图标高亮显示）时松开左键，文件 Tree.jpg 就复制到了 C:\lx 文件夹下，如图 2-36 所示。

　　注意：无论在哪种情形下，按住 Shift 键拖放执行移动操作，按住 Ctrl 键拖放执行复制操作。

　　右键拖放时，拖动到左窗格目标文件夹上释放右键会出现操作选择菜单，单击其中的"移动到当前位置"或"复制到当前位置"选项，即可完成移动或复制操作。

图 2-36　鼠标拖放复制文件

　　若在移动时不小心移错了位置，可以立即按 Ctrl+Z 组合键撤消操作。

5. 删除文件（夹）

　　如果不再需要某个文件或文件夹，可以将其从磁盘中删除，这样既能使磁盘空间得到充分利用，也有利于程序的运行。如果选择了文件夹，则该文件夹所包含的子文件夹、文件都将被删除。要特别指出的是，在删除文件属性为"系统"、"只读"或"隐藏"的文件时应特别慎重，否则将破坏系统，甚至造成死机。

　　（1）删除文件（夹）的方法。

　　文件（夹）删除有逻辑删除和物理删除之分，逻辑删除将"删除"的文件（夹）放在"回收站"文件夹中，物理删除将"删除"的文件（夹）从硬盘中直接删除。逻辑删除的文件（夹）在需要时还可以在"回收站"窗口中进行"还原"操作和"删除"操作。物理删除的文件（夹）是永久的删除，系统没有重新找回来的方法。

　　删除文件（夹）同样有 4 种方法，如表 2-15 所示。

表 2-15　删除的操作方法

菜单法	"文件"菜单 [删除(D)]	删除	选择执行命令之前按住 Shift 键，则为物理删除
	快捷菜单 [删除(D)]	删除	
键盘操作法	Delete		删除
	Shift+ Delete		物理删除
鼠标拖放法	新建 Microsoft Word 文档.doc [移动到 回收站]	直接拖入"回收站"图标内	删除
		按住 Shift 键拖入"回收站"图标内	物理删除

在删除文件时，会弹出"删除文件"对话框供确认，如图 2-37 所示。

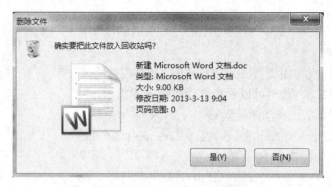

图 2-37　"删除文件"对话框

图 2-37 是逻辑删除确认对话框，框中提示文字为"确实要把此文件放入回收站吗？"，单击"是"按钮后，系统将文件移到"回收站"。而在物理删除文件时，弹出的"删除文件"对话框将会有所不同，框中提示文字将变为"确实要永久性地删除此文件吗？"，单击"是"按钮后，系统将文件物理删除。

（2）删除文件的操作步骤。

①选择需要删除的文件或文件夹。

②选择一种操作执行"删除"。

③在删除确认框中单击"是"按钮。

（3）使用"回收站"。

"回收站"图标放在桌面上，在资源管理器的文件夹树上也很容易找到它。双击桌面上的"回收站"图标，打开"回收站"窗口，如图 2-38 所示。

图 2-38　"回收站"窗口

在"回收站"窗口中，单击浏览器栏上的"清空回收站"任务项，将其中的所有文件物理删除，在硬盘上释放出它们所占的空间；单击浏览器栏上的"还原所有项目"任务项，恢复其中的删除文件到原来所在的文件夹中。要恢复或物理删除个别项目，选中项目并右击，选择"还原"选项则恢复所选项目，选择"删除"选择则物理删除所选项目。

6. 文件（夹）重命名

在 Windows 中，任何时候都可以方便地更改文件或文件夹的名字

（1）文件（夹）的重命名方法。

文件（夹）的重命名有 3 种方法，如表 2-16 所示。

表 2-16　文件（夹）重命名的方法

菜单法	"文件"菜单 重命名(M) 快捷菜单 重命名(M)
键盘操作法	F2
鼠标法	单击选中图标的标签

（2）重命名步骤。

①选中要重命名的文件或文件夹，图标呈高亮显示。

②执行上述 4 种方法之一，使选定的文件或文件夹名变为可编辑状态。

③对文件或文件夹的名称进行修改，最后按回车键或者在窗口的空白区域中单击予以确认。

例如，将文件 Tree.jpg 更名为"两棵树.jpg"，操作过程如图 2-39 所示。

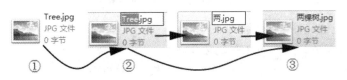

图 2-39　文件重命名

更改文件扩展名时要格外小心。当扩展名改变时，系统会给出一个消息进行确认，确认后图标形态也会相应改变，如图 2-40 所示。

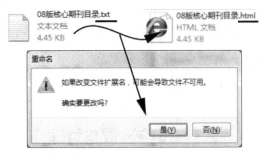

图 2-40　更改文件扩展名

7. 查看和更改文件（夹）属性

文件和文件夹的常见属性有 3 个：只读、隐藏和存档。只读表示文件和文件夹不能被更

改或意外删除；隐藏表示文件和文件夹不显示，操作者无法查看或使用它们；一般文件都有存档属性。另外每个文件和文件夹都还有其特有的一些信息，包括类型、大小、所在位置、创建或修改的时间等，这些信息统称为文件或文件夹的属性。

（1）查看和更改文件（夹）属性的方法。

查看和更改文件（夹）属性只有一种"菜单法"，选择"文件"→"属性"命令或右击文件（夹）并在弹出的或快捷菜单中选择"属性"选项，弹出"属性"对话框，如图 2-41 所示。

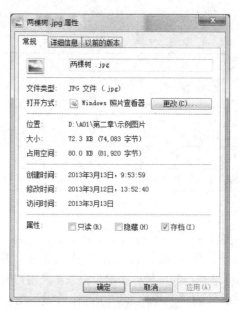

图 2-41　"属性"对话框

（2）查看和更改文件（夹）属性的步骤。

①选择要查看和更改属性的文件或文件夹。

②从下面的两个操作中选择其一，弹出"属性"对话框：

● 右击选中的文件或文件夹，选择"属性"选项。

● 单击"文件"→"属性"命令。

③在图 2-41 所示的文件夹属性对话框中，查看到该文件（夹）的类型、在计算机中的位置、大小、包含的文件和文件夹的个数、创建的日期和时间。单击"属性"栏中的只读、隐藏和存档前面的复选框来更改文件（夹）的属性。

④如果仅是查看，则单击"确定"或"取消"按钮；如果设置或修改了"属性"栏中的复选框，单击"确定"按钮；若想取消上面的设置或修改则单击"取消"按钮。

根据文件或文件夹类型的不同，"属性"对话框的内容有时也不尽相同，选项卡的个数有时也有差异。

2.7　系统设置与管理

Windows 操作系统允许修改计算机和其自身几乎所有部件的外观和行为，修改工具十分庞杂。为了便于统一管理，系统将所有设置修改的工具放在"控制面板"系统文件夹中。控制面板的主要设置功能如图 2-42 所示。

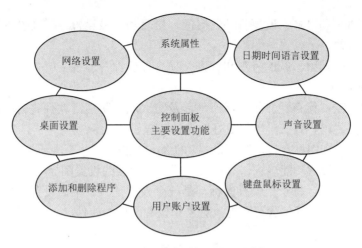

图 2-42　控制面板的主要设置功能

　　单击"开始"→"控制面板"命令，打开"控制面板"系统文件夹窗口。在窗口中，单击浏览器栏右上角的查看方式"类别"、"小图标"和"大图标"来改变查看图标的方式。如图 2-43 显示了这两种视图。

（a）类别视图　　　　　　　　　　　（b）图标视图

图 2-43　控制面板的两种视图模式

类别视图将各种设置功能分类放置，显示图标类别：
- 外观和个性化：对系统桌面设置（包括桌面背景、主题、分辨率、屏保程序）、任务栏和开始菜单设置、文件夹选项设置。
- 网络和 Internet：联网操作，包括 Internet 连接属性和局域网连接设置。
- 程序：添加和删除系统中安装的程序，添加和删除系统组件程序。
- 硬件和声音：对系统中所有与声音有关的硬件、驱动程序、系统的声音方案进行设置。设置键盘、鼠标、打印机、扫描仪、数码相机、电话和调制解调器、游戏控制器等硬件，提供专门的硬件添加向导。通过系统、电源管理、任务计划、管理工具 4 个项目来查看和维护系统整体性能。
- 用户账户和家庭安全：改变用户设置、密码设置、用户类型设置、增加删除用户设置等。

- 时钟、语言和区域：改变日期、时间、语言和区域设置，以及设置日期、时间、数字、货币的显示方式。
- 轻松访问：调整系统的外观和行为，提高该软件对弱视、听力不好或行动困难用户的可用性。
- 系统和安全：检查计算机的状态，涉及防火墙、防病毒软件、自动更新三个安全要素，提供建议、做法，以便更好地保护计算机。

单击分类视图类别图标，显示其下设置功能的设置图标。

图标视图每一项设置功能单列，显示每一项设置功能的设置图标。

两种视图功能相同，每一个设置图标都是一个设置工具。单击设置图标会打开一个设置对话框，每一个对话框中都包含更多更改对象和设备属性的控件。

2.7.1　外观和个性化设置

在控制面板分类视图窗口中，单击"外观和个性化"类，打开该类别界面，如图 2-44 所示。

图 2-44　"外观和个性化"界面

1．个性化与显示设置

一般情况下要对屏幕的背景、颜色以及屏幕保护程序等内容进行设置，整洁美观的桌面设置提供舒适的工作环境。

在"外观和个性化"界面中，可以选择一个任务来更改主题、设置背景图片、设置屏保程序。当选择任务后，系统弹出"个性化"对话框；或者单击"外观和个性化"界面中的"个性化"设置图标，同样弹出"个性化"对话框，如图 2-45 所示。

（1）设置桌面背景图片。

单击"个性化"对话框中的"桌面背景"选项卡，如图 2-46 所示。

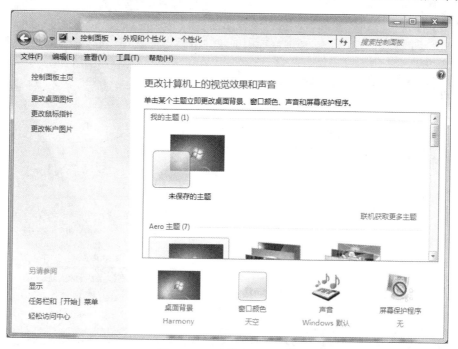

图 2-45　"个性化"对话框

图 2-46　"桌面背景"选项卡

在"图片位置"下拉列表框中选择背景图片,也可以单击"浏览"按钮,弹出"浏览"对话框(默认查找"图片收藏"文件夹),在计算机指定位置甚至在网络上查找需要的图片文件。

(2)设置屏保程序。

以为计算机设置 Windows 7 三维文字的屏保程序为例说明操作过程。单击"个性化"对话框中的"桌面保护程序"选项卡，操作过程如图 2-47 所示。

1）选择"桌面保护程序"下拉列表框中的"三维文字"选项，如图 2-48 所示。

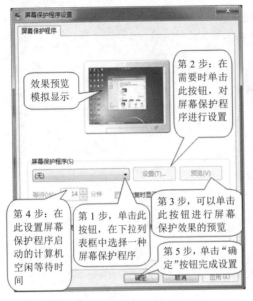

图 2-47　设置屏保程序操作过程　　　　　　图 2-48　"屏幕保护程序"下拉列表框

2）单击"设置"按钮，弹出如图 2-49 所示的"三维文字设置"对话框，在"自定义文字"文本框中输入"谁也不要动我的计算机"。

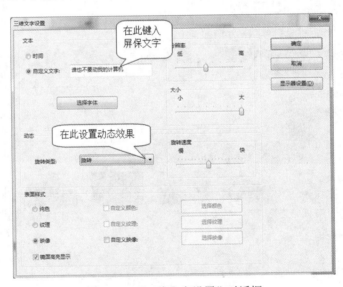

图 2-49　"三维文字设置"对话框

（3）屏幕分辨率设置。

单击"个性化"对话框中的"屏幕分辨率"选项卡，如图 2-50 所示。

在"分辨率"项中，通过滑块调整计算机屏幕分辨率。高分辨率的一屏显示内容多，字体会减小。

图 2-50　"屏幕分辨率"选项卡

2. 任务栏和"开始"菜单

任务栏和"开始"菜单的设置：单击"外观和个性化"界面中的"任务栏和「开始」菜单"图标，弹出"任务栏和「开始」菜单属性"对话框，如图 2-51 所示。

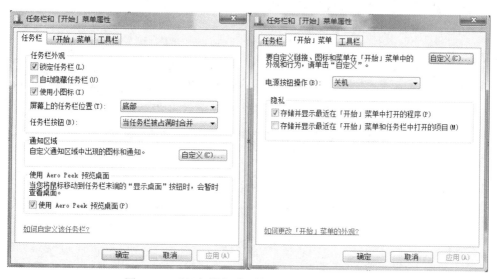

图 2-51　"任务栏和「开始」菜单属性"对话框

在"任务栏"选项卡中，可以设置"任务栏外观"和"通知区域"，系统列出了 3 个复选项。在"「开始」菜单"选项卡中，单击"自定义"按钮，可以打开"自定义「开始」菜单"对话框。

关于个性化任务栏和开始菜单的设置操作，以设置"「开始」菜单"要显示最近打开过的程序的数目为例进行说明。

最近打开过的程序列表区的列表程序项的数目最高可设置为30，默认为10，现在将其改为15，操作步骤如下：

（1）单击"任务栏和「开始」菜单属性"对话框中的"「开始」菜单"选项卡。

（2）单击"自定义"按钮，弹出如图2-52所示的"自定义「开始」菜单"对话框。

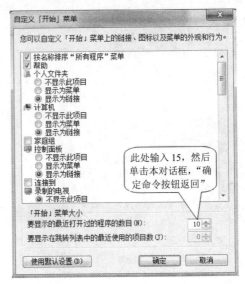

图2-52　"自定义「开始」菜单"对话框

（3）在"要显示的最近打开过的程序的数目"微调框中输入数字15，单击"确定"按钮返回"任务栏和「开始」菜单属性"对话框。

（4）单击"确定"按钮完成设置。

2.7.2　音量设置

在控制面板类别视图窗口中，单击"硬件和声音"类，打开该类别的界面，在"声音"对话框中单击"更改系统音量"图标，弹出如图2-53所示的"音量合成器"对话框。

图2-53　"音量合成器"对话框

在此处通过移动音量滑块可以调整不同应用程序的音量高低；单击 ，计算机或程序不输出声音，图标变为 🔇 。

利用系统任务栏上的音量图标 🔊 也可以调整音量的大小或设置静音，操作步骤如下：

（1）单击音量图标，出现如图 2-54 所示的音量控制器，上下移动滑块调整音量大小或设置为静音。

（2）在音量图标上右击，出现如图 2-55 所示的快捷菜单。

图 2-54　音量控制器

打开音量合成器(M)

播放设备(P)

录音设备(R)

声音(S)

音量控制选项(V)

图 2-55　音量图标快捷菜单

（3）选择"音量控制选项"命令，弹出"音量控制选项"对话框，如图 2-56 所示。

图 2-56　"音量控制选项"对话框

（4）可以管理不同音频设备。

2.7.3 日期和时钟设置

在控制面板类别视图窗口中，单击"时钟、语言和区域"类图标，打开该类别的界面，单击"设置日期和时间"图标，弹出如图 2-57 所示的"日期和时间"对话框。

图 2-57   "日期和时间"对话框

可在"日期和时间"选项卡中设置系统的年月日，输入要调整的系统时间，单击"更改时区"按钮还可以设置所在时区。

2.7.4 添加或删除程序

程序不同于文档，文档可以自由地复制和使用，程序在使用之前必须安装，删除它也不能同文档一样删除图标，删除其图标并没有删除程序本身，删除程序必须通过自带的卸载程序或者是系统的"程序"功能。

单击控制面板中的"程序"图标，打开"程序和功能"界面，如图 2-58 所示。

1．删除程序

"程序和功能"界面默认启动"卸载或更改程序"向导，在"卸载或更改程序"列表框中显示计算机上安装的所有程序。要从计算机上删除某一程序，则在列表框中选中并单击"卸载/更改"命令实现删除程序的操作。

2．打开或关闭 Windows 功能

为节省系统资源和安装时间，往往安装系统时没有打开所有的系统功能。Windows 在任何时候都可以打开或关闭系统功能。通过单击"程序"界面中的"打开或关闭 Windows 功能"选项打开"Windows 功能"对话框，如图 2-59 所示。

在组件列表框中列出了能打开或关闭的系统功能，选中要打开或关闭的功能，单击"确定"按钮，系统将进行组件配置，开启或关闭对应系统功能。

图 2-58 "程序和功能"界面

图 2-59 "Windows 功能"对话框

2.7.5 用户账户

Windows 系统允许多个用户共享使用同一台计算机。当多人共享计算机时,有时设置会被意外地更改。为了防止其他人更改计算机设置,系统使用"用户账户"将每一个用户使用计算机时的数据和程序隔离起来。

用户账户由一个账户名和密码组成。账户定义了系统使用权限,系统中的账户分为两类:一类是管理员账户,另一类是受限账户,每一类账户均可设置多个。管理员账户拥有对计算机使用上的最大权限,可以安装程序、增删硬件、访问计算机中的所有文件、管理本计算机中的所有其他账户。在计算机中保证至少有一个管理员账户。受限账户类型意味着操作计算机的权限是有限制的,用户不能更改多数系统设置,不能删除重要的文件,用户的各种设置(如桌面、开始菜单等的个性设置)只会影响到该用户对计算机的使用。受限账户不允许安装和删除系统中的应用程序，他们仅仅可以使用。受限账户也不能将自己升格为管理员账户，那是管理员账户的权限，如表 2-17 所示。

表 2-17　管理员账户和受限账户权限

	计算机管理员	受限用户
安装程序和硬件	√	
进行系统范围的更改	√	
访问和读取所有非私人的文件	√	
创建与删除用户账户	√	
更改其他人的用户账户	√	
更改自己的账户名或类型	√	
更改自己的图片	√	√
创建、更改或者删除自己的密码	√	√

　　计算机系统中还有一类来宾账户，来宾账户没有密码，只有使用计算机的最小权限，如浏览 Internet、收发电子邮件、使用应用程序等

　　每个用户有自己的用户名和密码，可以让用户在不关机的情况下切换用户。当某个用户已完成自己的工作，而另外一个用户想继续使用时，可以选择"开始"菜单中的"切换用户"选项，如图 2-60 所示，弹出"注销"界面，单击"切换用户"按钮，出现开机时的"欢迎使用"登录界面，单击相应的用户，如有密码输入密码，系统开始装入相应的用户配置信息，然后系统进入该用户界面。

图 2-60　切换用户

　　1. 创建账户

　　创建用户账户，首先要以管理员账户登录系统。单击"开始"→"控制面板"→"用户账户和家庭安全"命令，打开"用户账户"界面，如图 2-61 所示。

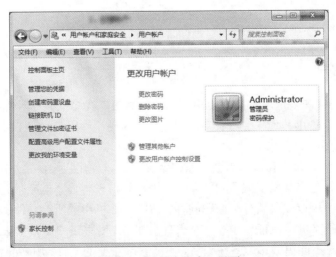

图 2-61　"用户账户"界面

在其中单击"管理其他账户"选项，打开"管理账户"对话框，单击"创建一个新账户"任务项，在打开的设置向导中键入新账户的用户名，选择管理员或标准账户类型，然后单击"创建账户"按钮完成账户创建。

单击"更改密码"任务项，可以在打开的向导中完成对用户密码的设置、删除等更改操作，操作过程如图 2-62 所示。

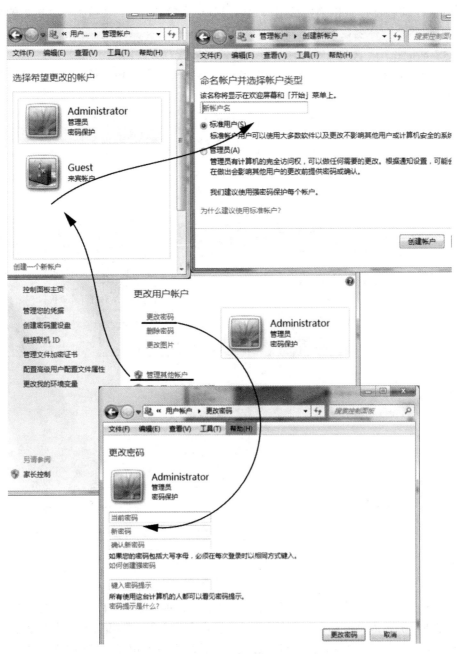

图 2-62　用户账户创建与密码更改过程

2. 管理账户

管理员账户可以进行创建、更名、删除、更改用户类型、设置用户密码等管理操作，受限账户只有有限的管理自己账户、设置自己账户的一些属性操作权限。

有关用户账户的更多信息，单击对话框中的"了解"帮助主题可以得到。

2.7.6 设备与驱动安装

可以安装到计算机中的硬件设备不计其数，通过线缆或计算机端口连接到计算机的设备称为外部设备，直接连接到机箱内部主板上的设备称为内部设备。连接到计算机中的大多数硬件设备都会依赖一个称为设备驱动程序的小程序与 Windows 系统通信。不正确的设备驱动程序会导致设备不能工作或不正确工作，甚至导致重启或蓝屏的问题。

为了能在 Windows 中使用组成系统的设备，需要安装设备和设备驱动程序。安装设备驱动程序的流程如图 2-63 的示。

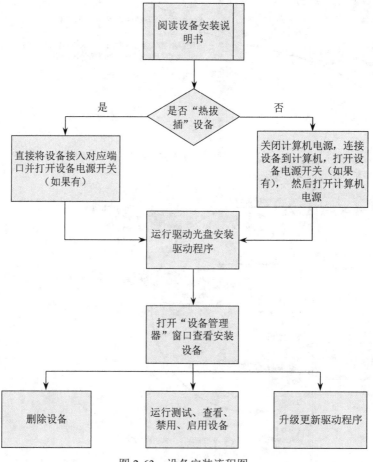

图 2-63　设备安装流程图

现在有很多设备都支持"热拔插"，如 USB 设备、1394 设备和 PC 卡等，它们的安装和使用都非常方便。所谓"热拔插"，是指不关掉计算机主机电源的情况下进行外部设备的连接和卸除。支持"热拔插"的设备只需将设备连接到计算机并打开电源，等待通知消息"设备已安装可以使用"弹出便可正常使用了。

1. 打印机的安装

通常安装打印机是件非常容易的工作。遵照打印机附带的指令，将它连接到计算机的对应端口（USB 端口或标准的打印机端口），有时还需要安装打印机的驱动程序。

　　Windows 在启动时可以自动搜索网络中的打印机，无论连接到本地的打印机还是连接在网络中的共享打印机均可自动地被 Windows 检测到。经过改进的 Windows 不仅可以使用本地网络中的打印机，如果需要还可以搜索 Internet 中的打印机。

　　在控制面板中有"查看设备和打印机"项，单击"开始"→"控制面板"→"硬件和声音"→"设备和打印机"命令，如图 2-64 所示。

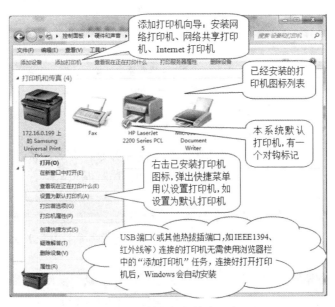

图 2-64　"打印机和传真"窗口

　　在"设备和打印机"窗口中显示已经安装的打印机图标，可以对这些打印机进行相关设置。

　　单击浏览器栏上的"添加打印机"任务项，启动安装向导安装打印机，如图 2-65 所示。

图 2-65　打印机安装向导

在"添加打印机向导"中，选择网络打印机，向导搜索网络共享打印机，指引完成安装；选择安装本地打印机，向导可能引导选择安装端口和驱动程序。

当用户进行打印作业时，在任务栏右边的状态栏里会出现打印机的小图标 ，双击该图标会弹出如图 2-66 所示的打印机管理窗口。

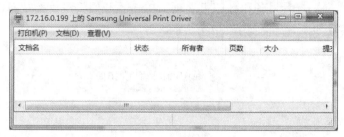

图 2-66　打印机管理窗口

2. U 盘或数码摄像机的驱动安装

Windows 中已经附带了大量的通用驱动程序，能够兼容许多设备，这样在安装系统后，许多硬件设备，如 USB 设备，无需再单独安装驱动程序就能正常运行。

（1）U 盘的安装。

USB 设备具有真正的"即插即用"特性，也就是说它们连接到电脑时不需要额外的步骤，除了可能必须首先安装驱动程序外。第一次正确连接上设备后，Windows 系统自动安装设备驱动程序，任务栏通知区域出现一个新图标并弹出"发现新硬件"通知消息。系统完成驱动程序安装后，通知区域出现"安全删除硬件"图标 ，设备就可以使用了。

U 盘是一种典型的 USB 设备，接入计算机 USB 接口，用来与计算机之间传递和保存数据。当第一次插入计算机 USB 接口时，系统自动完成驱动安装，以后就可正常使用了。从计算机上取下 U 盘类设备，首先单击任务栏图标 ，在弹出的"安全删除硬件"菜单中单击要取下的设备名称，然后系统弹出"安全地移除硬件"消息，此时才能断开设备与计算机的连接。

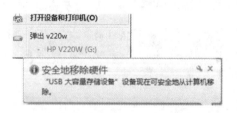

图 2-67　安全移除 USB 设备

（2）数码摄像机的安装。

数码摄像机通常安装在 1394 接口，称为 1394 设备。

同 USB 设备安装一样，安装数码摄像机也很简单，步骤如下：

1）保持计算机的运行状态，将数码摄像机与计算机的 1394 接口正确连接后，打开数码摄像机电源。

2）Windows 系统发现新硬件并自动安装通用驱动程序，在此过程中可能会打开某一视频采集程序或打开一个对话框询问。

3）安装成功后，当系统任务栏出现一个"安全删除硬件"图标时，设备就可以使用了。

同样，要断开与计算机的连接前也需要单击"安全删除硬件"图标后断开连接。

3. 硬件设备驱动程序管理

Windows 能帮助各种程序自由地使用计算机系统的各种硬件设备，而各种硬件设备由其相应的硬件设备驱动程序控制。"设备驱动程序"是一种可以使计算机和设备通信的特殊程序，相当于硬件的接口，操作系统只有通过这个接口才能控制硬件设备的工作，假如某设备的驱动程序未能正确安装，便不能正常工作。

操作系统相对于硬件来说总是滞后的，硬件厂商总是通过不断地发布新版本的驱动程序来支持新硬件或进一步提高硬件的性能。Windows 7 在"设备管理器"中实现设备驱动的更新、升级、安装、删除等操作，在 Windows 中安装的所有驱动程序都能在设备管理器中确认。

单击"开始"→"控制面板"→"系统与安全"→"系统"命令，弹出"系统"对话框，单击"设备管理器"选项，再单击"驱动程序"选项卡，如图 2-68 所示。

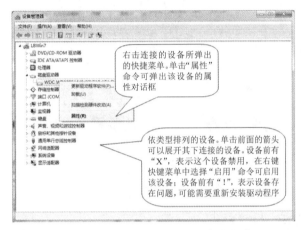

图 2-68　打开某设备属性对话框的操作

在"设备管理器"对话框中，右击选中的某一设备，在弹出的快捷菜单中选择"属性"命令（如图 2-69 所示），会弹出设备属性对话框。在其中可以获取有关设备的全面信息和进行驱动程序的安装、升级、更新等操作。

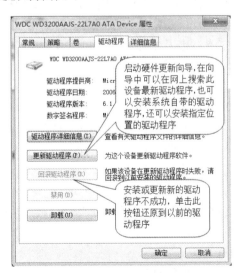

图 2-69　标准视图下的设备管理器

2.8　使用附件程序

为了帮助用户更好地使用和维护计算机，Windows 提供了一部分短小精悍、功能简单实用的附件应用程序，如图 2-70 所示。

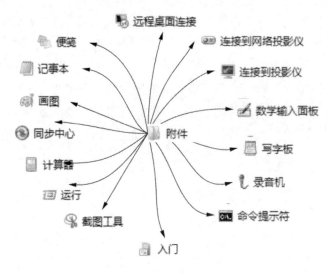

图 2-70　"附件"应用程序

2.8.1　记事本的使用

"记事本"和"写字板"都是附件程序中用来处理文档的实用小程序，它们都可以用来创建、打开、保存文本文件。

写字板（Wordpad.exe）是小型文字处理程序，与后续章节介绍的 Word 功能大部分相同，特别适合编写一些短小的格式文本文件，提供基本的文档编辑和格式化功能，能够插入多媒体中的声音及图像。记事本（Notepad.exe）是一个用来创建简单文本文档的编辑器，是编辑纯文本文件（.txt）的实用编辑工具，涉及功能相对简单，适合简单文本处理，如日志记录等。

1．"记事本"程序窗口

单击"开始"→"所有程序"→"附件"→"记事本"命令，打开如图 2-71 所示的"记事本"程序窗口。

打开记事本程序窗口后，可以在窗口工作区中进行全屏幕的编辑，"记事本"仅支持很基本的格式，能够设置字形、字体、字的大小，在为网页创建 HTML 文档时它特别有用。

2．输入文本

记事本支持全屏幕编辑，在编辑区有一闪烁的插入点光标|，指示输入位置。使用当前的输入法程序，在编辑区输入字符和文字。在没有设置"自动换行"时，文字符号会在一行中输入，直到行满或按"回车"键换行。

3．设置"自动换行"的屏显方式

"自动换行"是记事本窗口的折行显示方式，能够在记事本窗口中完整显示一行的所有文字符号（并非真正意义的换行，真正意义的换行需要敲回车键）。

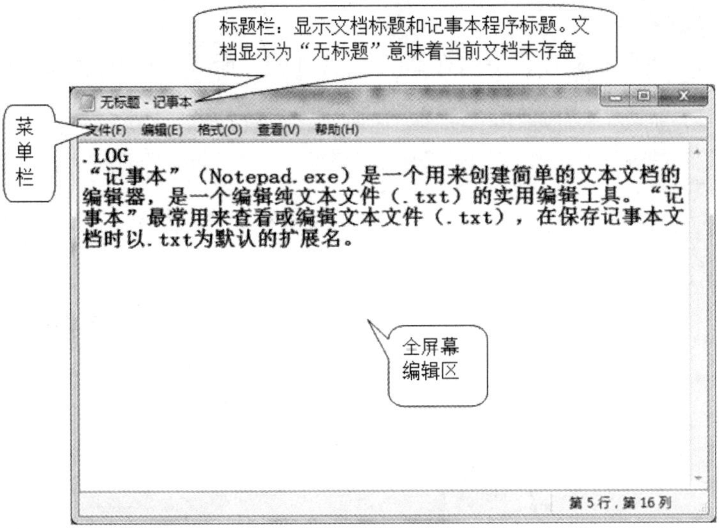

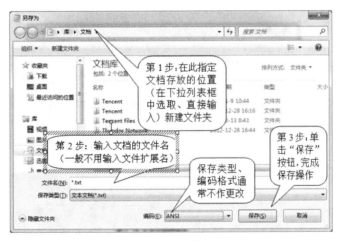

标题栏：显示文档标题和记事本程序标题。文档显示为"无标题"意味着当前文档未存盘

菜单栏

.LOG
"记事本"（Notepad.exe）是一个用来创建简单的文本文档的编辑器，是一个编辑纯文本文件（.txt）的实用编辑工具。"记事本"最常用来查看或编辑文本文件（.txt），在保存记事本文档时以.txt为默认的扩展名。

全屏幕编辑区

第 5 行，第 16 列

图 2-71　"记事本"程序窗口

单击"格式"→"自动换行"命令，就能设置自动换行。

4. 文档的保存方法

在"文件"菜单中单击"保存"或"另存为"选项，弹出如图 2-72 所示的"另存为"对话框。

第 1 步：在此指定文档存放的位置（在下拉列表框中选取、直接输入）新建文件夹

第 2 步：输入文档的文件名（一般不用输入文件扩展名）

保存类型、编码格式通常不作更改

第 3 步：单击"保存"按钮，完成保存操作

图 2-72　文本文档的保存

5. 记事本应用程序的退出方法

退出应用程序的方法很多，如单击"文件"→"退出"命令项即可退出记事本应用程序。

2.8.2　画图

画图（Mspaint.exe）是一个位图编辑程序，可以用来编辑或绘制各种类型的位图文件，即 BMP 格式图片文件。对于其他格式类型的图片，Windows 将其统一转化为 BMP 格式再用画图程序打开。

与专业图形处理软件相比，画图所提供的功能比较简单，但它也拥有 16 种绘图工具，利用这些工具可以方便地对图像进行编辑。

1. "画图"程序窗口

单击"开始"→"所有程序"→"附件"→"画图"命令，打开如图 2-73 所示的"画图"程序窗口。

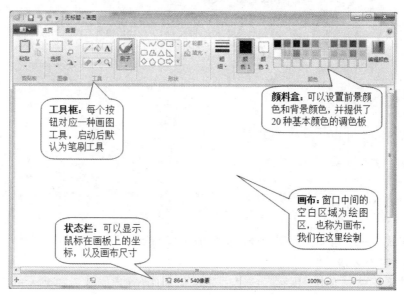

图 2-73 "画图"程序窗口

"画图"程序提供了绘图的工具箱、颜料盒，因此可以利用它绘制、编辑图形，还可以在图形上输入文字等。

（1）工具箱。

工具箱由工具框和形状框组成，工具框中有 6 个按钮，每个按钮对应一种画图工具，如图 2-74 所示。选择框位于工具框的下部，用于选择笔宽等。选择框中的内容随着选择画图工具的不同而不同。

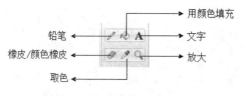

图 2-74 工具框中的画图工具

将鼠标指针移至工具箱内，单击所要使用的工具按钮，即选择了这个工具，然后将鼠标指针移到绘图区，鼠标指针变为相应的形状后，就可以利用该工具进行相应的工作。

（2）颜料盒。

颜料盒由若干个涂有不同颜色的小方格构成。可以从颜料盒中选择不同的颜色来绘图。单击某一颜色的小方格，当前颜色即显示为该颜色。当前颜色分为 1、2 两格。

（3）状态栏。

位于"画图"窗口最底部，它从左至右分为 4 个区域。第一个区域显示当前鼠标所在坐标，第二个区域显示鼠标选中画布的像素大小，第三个区域显示整个画布的像素大小，第四个区域显示当前画布的缩放比例。

　　工具箱、颜料盒和状态栏可以隐藏起来，从而扩大绘图区的显示区域。隐藏与显示的方法是：右击工具箱、颜料盒或状态栏的任意区域，在弹出的快捷菜单中选择"最小化功能区"选项。同样步骤再选择"最小化功能区"选项，可以重新显示工具箱、颜料盒和状态栏。

　　2. 图形绘制

　　利用画图程序可以绘制线条和图形、在图形中添加文字、对图像进行色彩和效果处理。在画图程序中绘制图形的基本流程如图 2-75 所示。

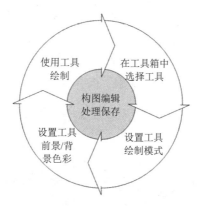

图 2-75　图形绘制流程

　　绘图首先要构好图，然后在工具箱内选择适当工具、设置绘制模式、在颜料盒中选择好颜色；接着才是使用工具绘制基本图形，在此过程中要不断地更换工具，直到完成图形绘制和基本处理；最后还要将绘制的图形以文件形式保存在磁盘上。

　　例如在画图程序中画一个小房子，如图 2-76 所示。

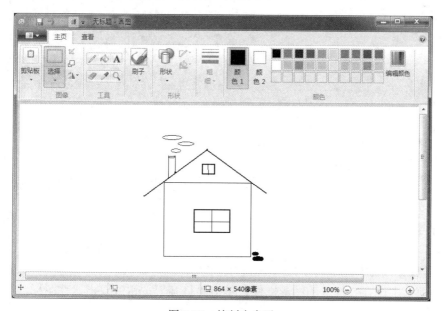

图 2-76　绘制小房子

　　作为例子，此实例只涉及使用画矩形、直线、圆角矩形等工具，下面简要说明操作步骤。

（1）在工具箱内单击"矩形"工具按钮，在选择框内选择"空心"绘制模式，在颜料盒中选择黑色作为前景色。在"画布"上绘制矩形。

（2）在工具箱内单击"直线"工具按钮，在选择框内选择线粗细的绘制模式，在颜料盒中选择黑色作为前景色。在"画布"上绘制屋顶、窗户、烟囱边线等。

（3）在工具箱内单击"椭圆"工具按钮，在选择框内选择"空心"绘制模式，在颜料盒中选择黑色作为前景色。在"画布"上绘制烟囱顶和烟雾。

（4）在工具箱内单击"圆角矩形"工具按钮，在选择框内选择"有边框的实心"绘制模式，在颜料盒中选择黑色作为前景色和背景色。在"画布"上绘制门前台阶。

3. 保存和打开图形文件

（1）保存文件。

1）单击"文件"→"保存"命令，弹出"保存为"对话框，如图 2-77 所示。

图 2-77　"保存为"对话框

2）在"组合"列表框中选择驱动器和文件夹，即图形要保存的位置。

3）在"文件名"文本框内输入一个名字。

4）在"保存类型"下拉列表框内选择文件的保存类型（一般情况下不做选择），然后单击"保存"按钮。

（2）打开文件。

1）单击"文件"→"打开"命令，弹出"打开"对话框，如图 2-78 所示。

2）在"组合"列表框内选择要打开文件的类型。

在右侧窗格中选择要打开的图形文件，单击"打开"按钮或双击文件图标，即完成打开图形文件的操作。

图 2-78　"打开"对话框

第 3 章　键盘与汉字录入

- 认识和了解键盘，熟练掌握键盘的操作指法和键盘键指的功能使用。
- 了解汉字输入法的方式和键盘编码输入法的种类及发展历程，基本掌握五笔字型输入法的编码方案。
- 能够完成输入法的安装和删除操作。
- 熟练掌握输入法切换、输入法状态栏的使用、输入法软键盘的使用。
- 熟练掌握"搜狗拼音"的安装方法，熟练使用"搜狗拼音"实现汉字和符号的输入。

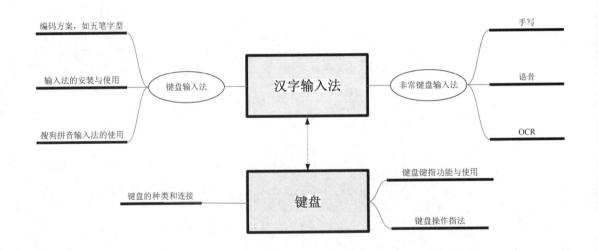

3.1　键盘及基本指法

键盘（Keyboard）是计算机最常用的一种输入设备，专家认为在未来相当长的时间内也会是这样。

3.1.1　键盘的种类

一般情况下，不同型号的计算机键盘提供的按键数目也不尽相同。因此可以根据按键数目，把计算机键盘划分为 81 键盘、83 键盘、93 键盘、96 键盘、101 键盘、102 键盘、104 键盘、107 键盘、108 键盘等。

目前在微机上使用的键盘，其接口形式有三种：PS/2、USB 和无线，如图 3-1 所示。

PS/2 接口键盘　　　　　　　　USB 接口键盘　　　　　　　　无线键盘

图 3-1　三种接口键盘

　　键盘的 PS/2 接口为紫色，为一个 6 针插头，直接连接到计算机主机箱上的紫色 PS/2 插孔上（一般在靠外侧），不支持在计算机带电情况下拔插 PS/2 键盘。USB 键盘是目前微机上的主流接口键盘，支持带电拔插。

3.1.2　键的分布和键区功能

　　对计算机键盘而言，尽管按键数目有所差异，但按键布局基本相同，共分为 5 个区域，即功能键区、主键盘区（打字键区）、编辑控制键盘区、辅助键盘（数字小键盘）区和状态指示灯区，如图 3-2 所示。

图 3-2　键盘键面功能分区

1. 主键盘区

本区的键位排列与标准英文打字机的键位相同，位于键盘中部，包括 26 个英文字母、数字、常用字符和一些专用控制键。

（1）控制键。

转换键 Alt、控制键 Ctrl 和上挡键 Shift 左右各一个，通常左右的功能一样。

一般来讲，单独使用这些键都是没有意义的。它们都要与其他键配合组成组合键使用。

例如，在 Windows 操作系统下，按 Alt+F4 组合键表示退出程序；按 Ctrl+Esc 组合键表示打开"开始"菜单；按 Ctrl+空格键表示中/英文输入法之间切换。大写锁定关闭时，Shift 键与某字母键同时按下，表示该键代表的大写字母；若与某双字符键（键面上标有两个符号）同时按下，则表示该键的上排符号，如 Shift+8 同时按下，表示数字键 8 上面的星号*。

（2）大写锁定键 Caps Lock。

Caps Lock 是开关式的键，与状态指示区的 Caps Lock 灯一一对应。

一般情况下，从键盘键入的字母都是小写的，此时对应的指示状态灯 Caps Lock 一定是熄灭的。

当按下 Caps Lock 键后，指示灯 Caps Lock 被点亮，这时再按字母键时，键入的都是大写字母了；再按一次 Caps Lock 键，指示灯 CapsLock 熄灭，恢复到最初的状态。对于要大量输入大写字母的情况，使用 Caps Lock 键是非常方便的。

（3）回车键 Enter。

主要用于"确认"。键入一条命令后，按 Enter 键表示确认，表示执行键入的命令。例如在文字处理中的换行（结束上一行的输入，开始新的一行输入）；凡是在单击"确定"按钮的时候，均可使用回车键替代。

（4）制表键 Tab。

按一次，光标就跳过若干列，跳过的列数通常可预先设定。例如在 Windows 的对话框操作中，常用来从一个栏目或一个项目跳转到另一个栏目或另一个项目。

（5）回退键 Backspace。

按一次，光标就向左移一列，同时删除该位置上的字符。编辑文件时，删除多余的字符可用它来操作。

（6）字母键（共 26 个）。

若只按字母键，则键入的是小写字母；若 Caps Lock 指示灯被点亮，或当大写锁定开启时，则键入的是大写字母。

（7）数字键（共 10 个）。

与辅助键盘上的数字键功效一样。

（8）符号键。

共有 32 个符号，如~、!、@、%、?等，分布在 21 个键上。

当一个键面上分布有两个字符（即双字符键）时，上方的字符需要先按住 Shift 键后才能键入，下方的字符则可直接键入。符号键键面符号在 Windows 中文标点输入状态下可能会与键面表示不同，如@键，以中文标点输入时，显示"·"。

2. 功能键区

该区放置 F1～F12 共 12 个功能键和 Esc 键等。

（1）取消键 Esc。

在一些软件的支持下，通常用于退出某种环境或状态。例如，在 Windows 下，按 Esc 键可取消打开的下拉菜单；凡是在单击"取消"按钮的时候，均可使用 Esc 键替代。

（2）功能键 F1～F12（共 12 个）。

在一些软件的支持下，通常将常用的命令设置在功能键上，按某功能键就相当于键入了一条相应的命令，这样可简化计算机的操作，所以比较简便。不过各个功能键在不同的软件中所对应的功能可能是不同的。例如，在 Windows 下，按 F1 键可查看选定对象的帮助信息。按 F10 键可激活菜单栏。

（3）屏幕打印键 PrintScreen。

对这个键可以打一个比较形象的比喻：在 Windows 环境下，它是一个照相机，直接按 PrintScreen 键，将屏幕上正显示的全部一屏内容复制到剪贴板中保存起来；按组合键 Alt+Print

Screen 可将当前激活的窗口复制到剪贴板中保存起来。另外，在一些软件的支持下，按此键可将屏幕上正显示的内容送到打印机中去打印。

说明：剪贴板是一个重要的概念，它是操作系统在内存中划定的一个区域，它当然具有内存的性质；在实际运用中，它最直接的应用是作为一个交换数据的中间平台。

3．辅助键盘区（数字小键盘区）

数字键区也叫小键盘区，位于键盘右端。

在数字小键盘区，键面有两个符号的键不能叫"双字符"键，因为它不可能输入除键面数码外的其他字符。这些键面有两个符号的键表示有两个方面的功能：一是数码输入键功能，二是在编辑中移动控制光标的功能，为与"双字符"键相区别，可以将其定义为"双功能"键。

双功能键，什么时候是实现其作为数码的输入功能，又在什么时候实现其作为编辑控制键的功能呢？状态指示区有一个 Num Lock（数字锁定）键，它是一个开关式键，按一下它，Num Lock 指示灯点亮，数字键代表键上的数字；再按一下它，Num Lock 指示灯熄灭，则小键盘上的各键代表键面上的下排符号，用于移动光标。

4．光标移动控制键区

该区包括上下左右箭头、Page Up 和 Page Down 等键，主要用于编辑和修改。

（1）插入键 Insert。

Insert 是开关式键，它实现编辑状态的切换，按它可以在"插入"和"改写"状态之间切换。编辑状态在文本、文字、文书的处理中是一个相当重要的概念，它只有两种状态（"插入"和"改写"）来适应不同的编辑处理，是学习文书处理的首要概念。

（2）删除键 Delete。

在一些软件的支持下，按一次就删除光标位置上（或右边）的一个字符，同时所有右面的字符都向左移一个字符。

（3）行首键 Home。

在一些软件的支持下，按一次，光标就跳到光标所在行的首部。

（4）行尾键 End。

在一些软件的支持下，按一次，光标就跳到光标所在行的末尾。

（5）向上翻页键 Page Up。

在一些软件的支持下，按一次，屏幕或窗口显示的内容就向上滚动一屏，使当前屏幕或窗口内容前面的内容显示出来。

（6）向下翻页键 Page Down。

在一些软件的支持下，按一次，屏幕或窗口显示的内容就向下滚动一屏，使当前屏幕或窗口内容后面的内容显示出来。

（7）光标移动键↑↓→←。

在一些软件的支持下，按一次，光标就向相应的方向移动一行或一列。

5．状态指示区

一般在键盘右上方有三个状态指示灯，当指示灯亮起时表示以下信息：

- 灯亮起时，启用数字小键盘功能，可以通过数字小键盘输入数字，对应辅助小键盘上的 NumLock 键。
- 灯亮起时，启用大写字母锁定功能，此时键入字母为大写形式，对应主键盘区的

Caps Lock 按键。

- 🔒 灯亮起时，启用滚动锁定功能，在图形操作系统中很少使用，对应键盘功能键区的 Scroll Lock 按键。

另外 Windows 键盘中，除 101 标准键盘外，增加了以下键的操作：

- "视窗"键，可以打开"开始"菜单，键面上标有"视窗"图标 ，在空格键左右两侧各有一个。
- 打开"快捷菜单"键，键面上标有"快捷菜单" 图标，在空格键右侧（或说它位于右侧 Ctrl 键的左侧）。按它可打开光标所指对象的快捷菜单，相当于右击（即在 Windows 环境中，凡是右击的操作均可按该键代替）。

3.1.3　打字基本指法

1、正确的打字姿势

初学键盘输入时，首选必须注意的是击键的姿势，如果初学时姿势不当，就不能做到准确快速地输入，且容易疲劳。

- 身体应保持笔直，稍偏于键盘右方。
- 应将全身重量置于椅子上，椅子的高度要便于手指的操作，两脚平放。
- 两肘轻轻贴于腋边，手指轻放于规定的字键上，手腕平直。人与键盘的距离可移动椅子或键盘的位置来调节，以调节到人能保持正确的击键姿势为好。显示器宜放在键盘的正后方，放输入原稿前先将键盘右移 5cm，再将原稿紧靠键盘左侧放置，以便阅读。

2. 键盘操作规范

（1）手指摆放位置。

打字时左手小指、无名指、中指、食指分别置于 A、S、D、F 键上，右手食指、中指、无名指、小指分别置于 J、K、L；键上，左右拇指轻置于空格键上。F 键和 J 键上分别有一凸线（手指可以明显感觉到），是左右手食指的定位标记。打字过程中，离开基准键位去敲击其他键，击键完成后手指应立即返回到对应的基本键上，如图 3-3 所示。

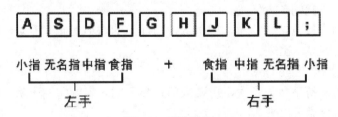

图 3-3　基准键位

（2）手指分工。

手指分工就是把键盘上的所有键合理地分配给十个手指，且规定每个手指对应哪几个键，这些规定基本上是沿用原来英文打字机的分配方式，如图 3-4 所示。

在键盘中，第三排键中的 A、S、D、F 和 J、K、L；这 8 个键称为基准键。基准键是十个手指常驻的位置，其他键都是根据基准键的键位来定位的。在打字过程中，每只手指只能敲击指法图上规定的键，不要击打规定以外的键，不正规的手指分工对后期速度提升是一个很大的障碍。左右 8 个手指与基准键的各个键相对应，固定好手指位置后，不要随意离开，千万不把手指的位置放错。

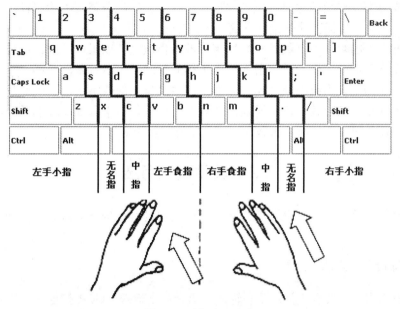

图 3-4 手指分工示意

空格键由两个大拇指负责，左手击打完字符键后需要敲击空格时用右手拇指敲击空格键，右手击打完字符键后需要敲击空格时用左手拇指敲击空格键。

Shift 键是用来进行多字符键转换的，左手的字符键用右手按 Shift 键，右手的字符键用左手按 Shift 键。

（3）手指姿势。

手腕略向上倾斜，从手腕到指尖形成一个弧形，手指指端的第一关节要同键盘垂直。进行键盘练习时，必须掌握好手形，一个正确的手形也有助于录入速度的迅速提高。

（4）键盘的使用注意事项。

- 掌握动作的准确性，击键力度要适中，节奏要均匀。普通计算机的三排字母键处于同一平面上，因此，在进行键盘操作时主要的用力部位是指关节，而不是手腕，这是初学时的基本要求。待练习到较为熟练后，随着手指敏感度的提高，再扩展到与手腕相结合。

- 以指尖垂直向键盘使用冲力，要在瞬间发力，并立即反弹。切不可用手指去压键，以免影响击键速度，而且压键会造成输入多个相同字符。这也是学习打字的关键，必须花时间去体会和掌握。在按空格键时也是一样要注意瞬间用力，并立即反弹。

- 各手指必须严格遵守手指指法的规定，分工明确，各守岗位。任何不按指法要点的操作都会造成指法混乱，严重影响速度和输入正确率的提高。

- 一开始就要严格要求自己，否则一旦养成错误打法的习惯，以后再想纠正会很困难。开始训练时可能会感觉手指不好控制，比如无名指、小指，只要坚持几天就会慢慢习惯，后面就可以得到比较好的打字效果了。

- 每一手指上下两排的击键任务完成后，一定要习惯地回到基准键的位置。这样，再击其他键时，平均移动的距离比较短，因而有利于提高击键速度。手指寻找键位必须依靠手指和手腕的灵活运动，不能靠整个手臂的运动来寻找。

- 击键不要过重，过重不光对键盘寿命有影响，而且易疲劳。另外，幅度较大的击键与恢复都需要较长时间，也影响输入速度。当然，击键也不能太轻，太轻会导致击键不到位，反而会使差错率升高。
- 主键盘上的数字训练最好在掌握字母键后再做这一项操作，因为击键时总是将手指放在字母键的中间一排，击上排或下排的键时，手指再做前后移动，但始终是以中间一排为基点小范围地移动，如要击打主键盘上的数字，由于中间隔了一排，手指移动的距离相对较大，击键准确率就会大打折扣，字母键比较熟悉后，手指击键时就会比较稳、比较准，再做数字键训练难度就相对较小。

3.2 汉字输入方法

汉字要输入计算机，目前有两种方式：一种是通过键盘编码输入，另一种是通过非键盘方式。

3.2.1 非键盘输入法

非键盘输入方式主要有 3 类：手写输入、语音识别输入、OCR 扫描识别输入。

1. 手写输入

手写输入是一种笔式环境下的手写中文识别输入，符合中国人用笔写字的习惯，只要在手写板上按平常的习惯写字，电脑就能将其识别显示出来。

手写输入需要配套的硬件手写板，在配套的手写板上用笔（可以是任何类型的硬笔）来书写录入汉字，不仅方便快捷，而且错字率也比较低。用鼠标在指定区域内也可以写出字来，只是对鼠标操作要求非常熟练。

（2）语音输入。

语音输入，顾名思义，是将声音通过话筒转换成文字的一种输入方法。语音识别以 IBM 推出的 ViaVoice 为代表，国内则推出 Dutty++语音识别系统、天信语音识别系统、世音通语音识别系统等。

（3）OCR 识别输入。

OCR 叫做光学字符识别技术，它要求首先把要输入的文稿通过扫描仪转化为图形，然后用识别软件进行识别。OCR 识别输入需要有扫描仪作为输入设备，而且对原稿的印刷质量要求也很高，不支持手写体的识别。OCR 软件种类比较多，常用的如清华 OCR，在系统对图形进行识别后，系统会把不能肯定的字符标记出来，让用户自行修改。

3.2.2 键盘输入法

英文字母只有 26 个，它们对应着键盘上的 26 个字母，所以对于英文而言是不存在输入法的。汉字的字数有几万个，它们和键盘是没有任何对应关系的，汉字的输入必须有一种转换机制，才能使我们通过键盘按照某种规律输入汉字，这就是汉字编码输入方案。

键盘编码输入汉字是目前主流的汉字输入技术。汉字编码方案已经有数百种，其中在电脑上已经运行的就有几十种，作为一种图形文字，汉字是由字的音、形、义来共同表达的，汉字输入的编码方法基本上都是采用将音、形、义与特定的键相联系，再根据不同汉字进行组合来完成汉字的输入。目前的中文输入法有以下几类：

（1）对应码（流水码）。

以各种编码表作为输入依据，因为每个汉字只有一个编码，所以重码率几乎为零，效率高，可以高速盲打，但缺点是需要的记忆量极大，而且没有什么太多的规律可言。常见的流水码有区位码、电报码、内码等，一个编码对应一个汉字。这种方法在电脑中输入汉字时，只是作为一种辅助输入法，主要用于输入某些特殊符号。

（2）音码。

按照拼音规定来进行汉字输入，不需要特殊记忆，符合人的思维习惯，只要会拼音就可以输入汉字。但拼音输入法也有缺点：一是同音字太多，重码率高，输入效率低；二是对用户的发音要求较高；三是难以处理不认识的生字。

（3）形码。

形码是按汉字的字形（笔画、部首）来进行编码的。汉字是由许多相对独立的基本部分组成的，例如，"好"字是由"女"和"子"组成，"助"字是由"且"和"力"组成，这里的"女""子""且""力"在汉字编码中称为字根或字元。形码是一种将字根或笔画规定为基本的输入编码，再由这些编码组合成汉字的输入方法。

（4）音形码。

音形码吸取了音码和形码的优点，将二者混合使用。

3.2.3　汉字编码输入的发展历程与现状

从 1981 年国家标准局发布《信息交换用汉字编码字符集基本集》GB2312－80 以来，汉字输入法经历了从无到有、从难到易、从简单到智能的巨大演变过程。

（1）第一阶段：电脑中可以输入汉字了，代表输入法为五笔字型输入法。

1983 年，王永民先生推出了划时代的五笔字型输入法，五笔输入法不但可以输入汉字，而且也极大地解决了输入速度这一顽症。

（2）第二阶段：人人皆可输入，代表输入法为智能 ABC 和中文之星新拼音。

1991 年由长城集团与北京大学合作推出的智能 ABC 汉字输入法的出现，以及中文之星推出的新拼音，为更多人提供了使用简单、入门轻松的输入法方案来代替强背字根、入门难的五笔输入法方案。

（3）第三阶段：智能拼音横空出世，代表输入法为微软拼音、拼音之星和紫光拼音。

五笔入门较难，但输入效率高，智能 ABC 入门简单，但输入效率不高。以微软拼音输入法、紫光拼音、拼音之星、拼音加加、智能狂拼、自然码和黑马神拼等为代表的新的智能拼音输入法入门简单，输入高效。

（4）第四阶段：与搜索引擎结合输入法，代表输入法为搜狗和谷歌拼音、QQ 拼音、QQ 五笔输入法。

随着几大互联网门户的介入，中文输入法领域在 2007 年左右出现了重大变化，搜狗、谷歌和腾讯陆续推出了拼音输入法，腾讯在 2010 年还进一步推出了 QQ 五笔输入法，同时支持拼音和五笔的输入。这些输入法的特点是结合搜索引擎功能将搜索引擎得到的关键词搜索数据添加到输入法中，满足了互联网时代新词、热词输入的准确性。

3.2.4　五笔字型汉字输入编码方案

1. 汉字字形基础

笔画、字根、汉字字型是汉字结构的三个层次。

（1）5 种基本笔画。

书写汉字时，一次写成的一个连续不断的线段称为笔画。经科学归纳，五笔字型编码方案规定汉字的基本笔画只有如表 3-1 所示的 5 种。这 5 种笔画分别以 1、2、3、4、5 作为代号。

表 3-1　5 种笔画代码

代号	代码	笔画名称	笔画走向	笔画及其变形
1	g	横（提）	左→右	一
2	h	竖	上→下	｜
3	t	撇	右上→左下	丿
4	y	捺	左上→右下	、
5	n	折	带转折	乙

（2）组字单元——字根。

由多个笔画复合而成，在构成汉字过程中保持相对不变的结构体，称为字根。字根的区位代号及对应字母键如表 3-2 所示。"五笔字型"的字根有 130 多种，分布在如图 3-5 所示的 5 区 5 位的 25 个键位上。

表 3-2　区位代号及对应字母键

区＼位	1	2	3	4	5
1	g	f	d	s	a
2	h	j	k	l	m
3	t	r	e	w	q
4	y	u	i	O	p
5	n	b	v	c	x

1）字根排列规律。

由图 3-5 显见，这是一个井然有序的字根键盘，"五笔字型"键盘的设计和字根排列的规律为：字根的第一个笔画的代号与其所在的区号一致，"禾、白、月、人、金"的首笔为撇，撇的代号为 3，故它们都在 3 区；一般来说，字根的第二个笔画代号与其所在的位号一致，如"土、白、门"的第二笔为竖，竖的代号为 2，故它们的位号都为 2；单笔画"一、丨、丿、乙"都在第 1 位，两个单笔画的复合笔画"二、冫"都在第 2 位，三个单笔画复合起来的字根"三、彡、氵、巛"，其位号都是 3。

有时候，一种字根之中还包含有几个"小兄弟"，主要是：

①字源相同的字根：心、忄；水、氺等。

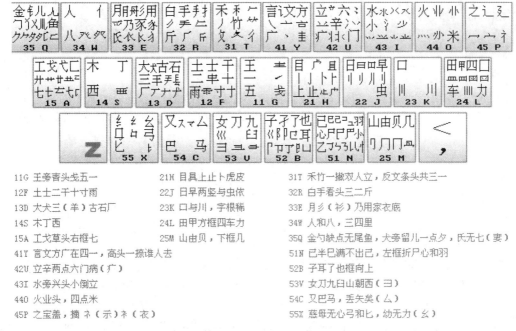

11G 王旁青头戈五一
12F 土士二干十寸雨
13D 大犬三（羊）古石厂
14S 木丁西
15A 工戈草头右框七
41Y 言文方广在四一，高头一捺谁人去
42U 立辛两点六门病（疒）
43I 水旁兴头小倒立
44O 火业头，四点米
45P 之宝盖，摘礻（示）衤（衣）

21H 目具上止卜虎皮
22J 日早两竖与虫依
23K 口与川，字根稀
24L 田甲方框四车力
25M 山由贝，下框几

31T 禾竹一撇双人立，反文条头共三一
32R 白手看头三二斤
33E 月彡（衫）乃用家衣底
34W 人和八，三四里
35Q 金勺缺点无尾鱼，犬旁留儿一点夕，氏无七（妻）
51N 已半巳满不出己，左框折尸心和羽
52B 子耳了也框向上
53V 女刀九臼山朝西（彐）
54C 又巴马，丢矢矣（厶）
55X 慈母无心弓和匕，幼无力（幺）

图 3-5　五笔字型字根图

②形态相近的字根：艹、卝、廿；己、已、巳等。

③便于联想的字根：耳、卩、阝等。

所有的"小兄弟"都与其主字根是"一家人"，作为辅助字根，它们同在一个键位上，编码时使用同一个代码（即同一个字母或区位码）。字根总数以及每一个字根的笔画数是一定的，不能增加，也不能减少，它们是可以构成汉字的"基本"单位。

2）字根口诀。

为了使字根的记忆可以朗朗上口，特为每一区的字根编写了一首"助记词"，只需反复默写吟诵，即可牢牢记住。字根口诀见图 3-5 下部的文字。

（3）组字的结构形式——字型。

汉字是一种平面文字，同样几个字根，摆放位置不同，亦即字型不同，就是不同的字。如"叭"与"只"，"吧"与"邑"等。可见，字根的位置关系也是汉字的一种重要特征信息。根据构成汉字的各字根之间的位置关系，五笔字型编码方案将成千上万的方块汉字分为三种字型：左右型、上下型、杂合型，并命以代号：1，2，3，如表 3-3 所示。

表 3-3　字型代号

字型代号	字型	举例	字例特征
1	左右	汉 湘 结 封	字根之间有间距，总体左右排列
2	上下	字 莫 花 华	字根之间有间距，总体上下排列
3	杂合	困 凶 这 乘	字根之间虽有间距，但不分上下左右，浑然一体

2．汉字的五笔字型编码方案

（1）基本笔画编码。

5 种基本笔画"一、丨、丿、丶、乙"，在国家标准中都是作为汉字来对待的。其编码为两个笔画代码再人为跟上两个"1"，如下：

一：ggll 　　　｜：hhll 　　　丿：ttll

丶：yyll 　　　乙：nnll

（2）键名汉字。

各个键上的第一个字根，即"助记词"中打头的那个字根，它既是字典里的字，又是字根表中的字根，我们称之为"键名汉字"，如下（"彡"不是一个字典里的字，五笔字型编码方案中作字处理）：

王土大木工 目日口田山 禾白月人金 言立水火之 已子女又彡

这 25 个作为"键名"的汉字，其编码为 4 个所在键字母。例如：

王：gggg

又：cccc

（3）成字字根。

字根总表之中，键名以外自身也是字典中汉字的字根称为"成字字根"，简称"成字根"（其定义中掌握两个"是"：是字根、是汉字；一个"不是"：不是键名汉字）。

成字根一共有 97 个（其中包括相当于汉字的氵、亻、勹、刂等）。

成字字根的编码为：所在键字母+第一笔画代码+第二笔画代码+最后笔画代码；不足 4 码时，加一次空格键。

现举例如表 3-4 所示。

表 3-4　成字根编码方案示例

成字根	报户口	第一单笔	第二单笔	最末单笔	所击键位
文	文（y）	丶（y）	一（g）	丶（y）	yygy
用	用（e）	丿（t）	乙（n）	｜（h）	etnh
亻	亻（w）	丿（t）	｜（h）		wth
厂	厂（d）	一（g）	丿（t）		dgt
车	车（l）	一（g）	乙（n）	｜（h）	lgnh

（4）一般单个汉字编码。

1）有 4 个以上字根供编码。

按照规定拆分之后，总数多于或等于 4 个字根的字，依照书写顺序按序取其第一、二、三及最末一个字根，俗称"一二三末"，共取 4 个码。例如：

戆：立早夂心（ujtn）

照：日刀口灬（jvko）

低：亻厂七丶（wqay）

2）不足 4 个字根供编码。

当一个字拆不够 4 个字根时，在依书写顺序按序对各字根编码后，再追加一个"末笔字型识别码"，简称"识别码"。

"识别码"的组成：以"末笔"代号作为区号，以"字型"代号作为位号确定的代码（一个附加信息码）。

例如：

沐：氵木（"、"为末笔，字型为左右型　补 41（y））

华：亻匕十（末笔为"丨"，字型为上下型　补 22（j））

同：冂一口三（末笔为"一"，字型为杂合型　补 13（d））

（5）词组编码。

不管多长的词语，一律取 4 码。其取码方法为：

● 两字词：每字取其全码的前两码组成，共 4 码，即 12+12。例如：

操作：扌口亻亻（rkwt）

● 三字词：前两字各取其第一码，最后一字取其前两码，共四码，即 1+1+12。例如：

操作员：扌亻口贝（rwkm）

● 四字词：每字各取其全码的第一码，即 1+1+1+1。例如：

汉字编码：氵宀纟石（ipxd）

● 多字词：取第一、二、三及末一个汉字的第一码，共 4 码，即：1+1+1+末 1。例如：

五笔字型计算机汉字输入技术：五 亻 宀 木（gtgs）

3.3　中文输入法的安装和删除

在 Windows 中内置安装了几种中文输入法，包括全拼、微软拼音、智能 ABC、内码等。要使用其他输入法，如搜狗拼音、QQ 五笔等，需要有输入法安装程序进行安装。

3.3.1　了解系统中已经安装的输入法

Windows 语言栏是一个浮动的工具条，它一般最小化在任务栏上，也可浮动在桌面上，如图 3-6 所示。

图 3-6　Windows 语言栏

单击语言栏上的键盘图标，将显示一个语言菜单，如图 3-7 所示。

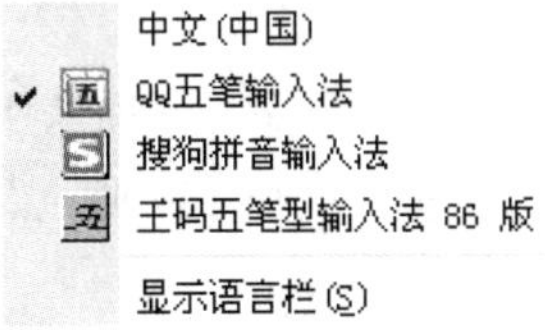

图 3-7　语言菜单

Windows 的输入法是基于窗口的，也就是每一次运行一个窗口时，它都会以默认输入法来匹配窗口，因而语言栏所显示的按钮和选项不仅取决于所安装的输入法程序，也取决于当前活动的窗口（前台运行的程序）。

在语言菜单中显示了系统当前安装了可供使用的输入法，其中前面打"√"的为当前活动窗口使用的当前输入法，图 3-7 中为"QQ 五笔输入法"。

切换当前输入法，可以通过鼠标单击勾选"语言菜单"中的输入法项，也可以通过按 Ctrl+Shift 组合键进行切换，按 Ctrl+Space 组合键可以在当前输入法和英文输入间进行转换。

3.3.2　安装和删除输入法

要使用语言菜单中没有的输入法，需要进行安装。Windows 中自带输入法可以在"文字服务和输入语言"对话框中进行直接安装。而像搜狗拼音（可到http://pinyin.sogou.com网站下载安装程序）、QQ 五笔（可到 http://wubi.qq.com 网站下载安装程序）等需要到相关网站上下载安装程序，运行安装程序进行安装。安装好的输入法会出现在如图 3-7 所示的语言菜单中。

不需要使用的输入法也可以从语言菜单中删除，从语言菜单中删除的输入法还可以通过"文字服务和输入语言"对话框完成重新安装，包括删除了的 Windows 非自带输入法程序。

右击"语言菜单"的任意位置，在弹出的快捷菜单中选择"设置"命令，会弹出"文字服务和输入语言"对话框，如图 3-8 所示。

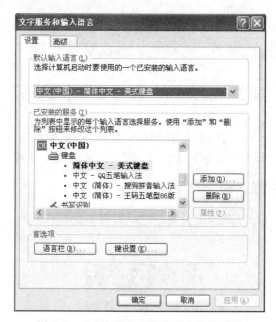

图 3-8　"文字服务和输入语言"对话框

1．删除输入法

在"文字服务和输入语言"对话框的"设置"选项卡中，"已安装的服务"列表中列出了已经安装的输入法，可以选中其中不再使用的输入法项，然后单击"删除"按钮，执行删除输入法的操作。

例如，选中"中文（简体）—王码五笔型 86 版"项，然后单击"删除"按钮，再单击"确定"或"应用"按钮，即可删除王码五笔输入法，如图 3-9 所示。

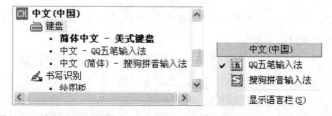

图 3-9　删除王码五笔输入法后的"已安装的服务"列表和语言菜单

2. 添加输入法

可以将从"已安装的服务"列表中删除的输入法（包括自带输入法和通过外部输入法安装程序安装的输入法）重新添加到语言菜单中，供用户使用。其操作仍是在"文字服务和输入语言"对话框中实现。

例如，添加已经删除了的王码五笔输入法，过程如下：

1）右击"语言栏"，在弹出的快捷菜单中选择"设置"命令，弹出如图 3-8 所示的"文字服务和输入语言"对话框。

（2）单击"添加"按钮，弹出如图 3-10 所示的"添加输入语言"对话框。

（3）在"输入语言"下拉列表框中选择"中文（中国）"选项，勾选"键盘布局/输入法"复选项，并在其下的列表框中选择"中文（简体）—王码五笔型 86 版"项。

（4）单击"确定"按钮，完成输入法添加。

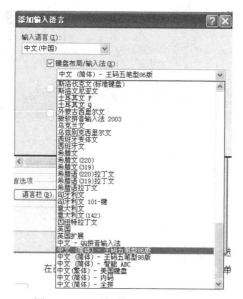

图 3-10　"添加输入语言"对话框

3.4　汉字及汉字符号的录入

在 Windows 中录入汉字通常会选择一种输入法，进行编码输入。

而汉字符号可以通过键盘或软键盘录入，也可利用一些输入法的特殊编码来完成录入，如智能 ABC 的 V1～V9 编码等。而在一些应用程序中，还可以通过插入符号来完成。

1. 输入法状态栏的使用

在语言菜单中选中了所需的输入方式，代表该输入方式的图标就会显现在语言栏上取代键盘图标，同时在桌面上浮现该输入法的状态栏。例如选择了"QQ 五笔"输入法，屏幕上会出现如图 3-11 所示的"QQ 五笔"输入法的状态栏（一般在任务栏的"开始按钮附近，位置可移动）。

图 3-11　"QQ 五笔"输入法的状态栏

状态栏上的第一个图标按钮是输入法图标，QQ 五笔为"五"字标识，搜狗拼音为"S"字标识。

第二个图标按钮为中英文切换按钮（在 QQ 五笔中可以按 Shift 键进行切换，在其他输入法中主要按 Caps Lock 键切换），单击它可以在中英文输入状态间进行转换，"中"代表中文输入方式，"英"代表英文输入方式。

第三个图标按钮为"全角/半角"转换按钮（通常可以使用 Shift+Space 组合键进行切换）。半月形图标代表半角输入状态，实心圆形图标代表全角输入状态。

第四个图标按钮为"中/英文标点"切换按钮（通常可以使用 Ctrl+.组合键进行切换），显示为细标点则为英文标点输入状态，显示粗标点则为中文标点输入状态。

第五个图标按钮为软键盘图标，单击它会弹出当前使用的软键盘（默认为 PC 键盘），再次单击会关闭弹出来的软键盘。右击它会弹出软键盘列表（一般有 13 种软键盘布局），如图3-12 所示。可以在软键盘列表中选择一种软键盘布局来完成一些特殊符号的输入。

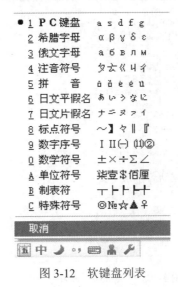

图 3-12　软键盘列表

当使用某种软键盘后，必须将其更改为默认值（PC 键盘），然后才能正常使用。

第六个人形图标和扳手工具图标为 QQ 五笔输入法的特有图标，分别用于登录个性词库和本输入法的基本设置。

2．搜狗拼音输入法

搜狗拼音输入法是目前流行的一款拼音输入法，具有输入准确、快速、方便等特点。

（1）搜狗拼音输入法使用。

1）状态栏。

当需要输入汉字（如启动了记事本程序进行汉字录入）时，单击语言菜单中的"搜狗拼音输入法"选项，桌面右下角任务栏上方会出现搜狗拼音输入法的"状态栏"，如图 3-13所示。

2）编码输入窗口。

在输入拼音编码时，桌面上会自动跟随如图 3-14 所示的输入窗口。

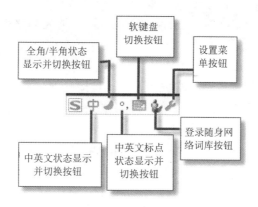

图 3-13　搜狗拼音输入法的状态栏

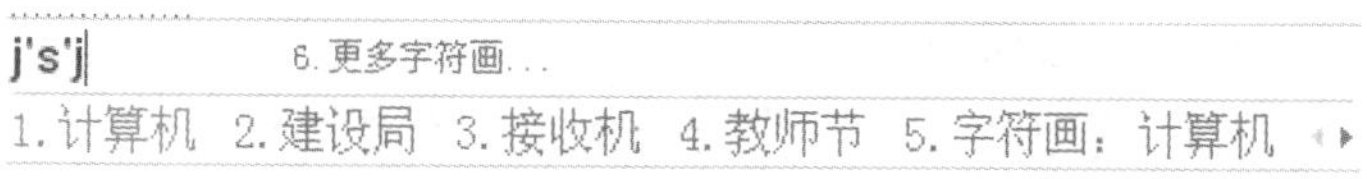

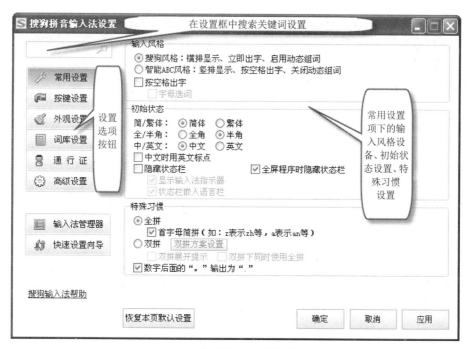

图 3-14　搜狗输入法的输入窗口

输入窗口很简洁，分成上下两行，上面一行是输入的拼音，下面一行是候选字，输入所需的候选字对应的数字即可输入该词。

第一个词默认是红色的，直接敲空格键即可输入第一个词。搜狗拼音输入法默认的翻页键是"逗号（，）和句号（。）"，即输入拼音后，按句号（。）进行向下翻页选字，相当于 Page Down 键，找到所选的字后，按其相对应的数字键即可输入。

3）输入法输入属性设置

在状态栏上面右击或者单击小扳手图标打开设置菜单，然后选择"属性设置"选项即可进入如图 3-15 所示的搜狗输入法的设置窗口。

图 3-15　搜狗输入法的设置窗口

在设置窗口中可以进行搜狗输入法的各项功能设置，也可以获得在线帮助。

3．输入法规则

（1）全拼。

全拼输入是拼音输入法中最基本的输入方式。直接键入汉字或词组的拼音，然后在输入窗口中选择想要的字或词即可。

（2）简拼。

简拼分为声母简拼和声母的首字母简拼。例如想输入"张靓颖"，只要输入 zhly 或者 zly 即可。搜狗输入法也支持简拼全拼的混合输入，例如输入 srf、sruf、shrfa 都可以得到"输入法"。

（3）英文输入。

输入法默认是按 Shift 键就切换到英文输入状态，再按一下 Shift 键就会返回中文状态。单击状态栏上面的中字图标也可以切换。

除了 Shift 键切换以外，搜狗输入法也支持回车输入英文和 V 模式输入英文。在输入较短的英文时使用能省去切换到英文状态下的麻烦。具体使用方法如下：

● 回车输入英文：输入英文，直接敲回车键即可。

● V 模式输入英文：先输入 v，然后再输入英文，可以包含@、+、*、/、-等符号，然后敲空格键即可。

（4）U 模式笔画输入。

U 模式是专门为输入不会读的字所设计的。在输入 u 键后，然后依次输入一个字的笔顺即可完成汉字的输入，输入笔顺可以是字母：h 横、s 竖、p 撇、n 捺、z 折，也可以单击输入窗口上的笔画按钮。

例如输入"你"：

upspzs　　　　─ │ 丿 丶 →
1.你(ni)　2.您(nin)　3.伱(gou,kou)　4.伨(xun)　5.貨(huo)　▸

（5）拆分输入。

直接输入生僻字各组成部分的拼音，一般应用于生僻字的输入。

例如输入"靐"：

lei'lei'lei　　　　6.靐(bìng)
1.累累累　2.雷磊磊　3.累累　4.蕾蕾　5.磊磊　▸

输入"嫑"：

bu'yao　　　　6.嫑(biáo)
1.不要　2.补药　3.不摇　4.不妖　5.o(>﹏<)o不要啊　▸

输入"犇"：

niu'niu'niu　　　　6.犇(bēn)
1.扭扭扭　2.妞妞妞　3.牛牛　4.妞妞　5.扭扭　▸

第4章 Microsoft Office Word

 **学习目标**

- 了解 Word 界面组成与文档编辑操作。
- 掌握 Word 文档的格式化。
- 掌握 Word 表格编辑技术。
- 了解 Word 图片与图形编辑技术。
- 了解 Word 页面编排与打印技术。

知识结构

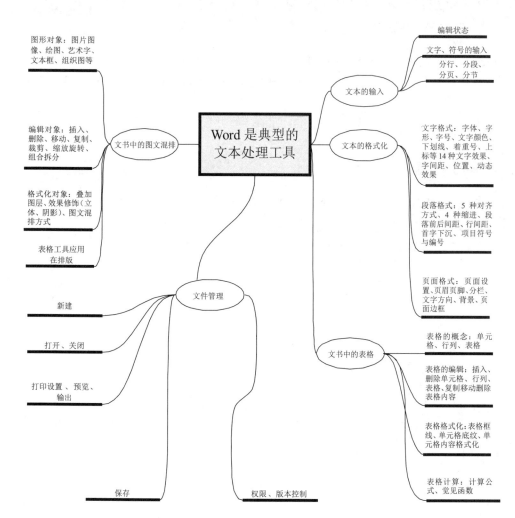

Microsoft Office 是微软公司开发的办公软件套装，目前最新版本为 Office 2013，其核心组件是 Microsoft Office Word、Microsoft Office Excel 和 Microsoft Office Power Point 等。本章所介绍的 Microsoft Office 2010 于 2010 年 5 月正式推出，可支持 32 位和 64 位 Vista 及 Windows 7 操作系统安装，但仅支持 32 位 Windows XP 操作系统安装，不支持 64 位 XP 操作系统安装。

4.1　Word 2010 的操作界面

从 Office 2007 开始，Office 用户界面统一采用了 Ribbon 用户界面，一直沿用到 Office 2010 和最新的 Office 2013。Ribbon 用户界面是一种以皮肤及标签页为架构的用户界面（User Interface）。它把相关命令组织成一组"标签"，在每个标签下面，各种相关的选项及命令被分类组织在一起，构成一个个功能组，每一个功能组都包含有相关命令选项。

Ribbon 用户界面中的标签是一种"上下文相关标签"。也就是说，并不是每一个标签都会显示出来，有些标签是在特定的对象被选择时才显示。与传统的菜单用户界面比较，Ribbon 用户界面提供足够显示更多命令的空间，可以帮助用户更容易地找到重要的、常用的功能。

Word 2010 和后面所介绍的 Excel 2010、Power Point 2010 启动后所呈现的界面就是 Ribbon 用户界面，三个应用软件的界面总体功能布局基本相同。

4.1.1　启动 Word 2010

Office 2010 正确安装在电脑中以后，会自动在"开始"菜单中创建启动命令选项。选择"开始"→"所有程序"→Microsoft Office→Microsoft Office Word 2010，即可启动 Word 2010 程序。

启动成功后，Word 2010 界面如图 4-1 所示。

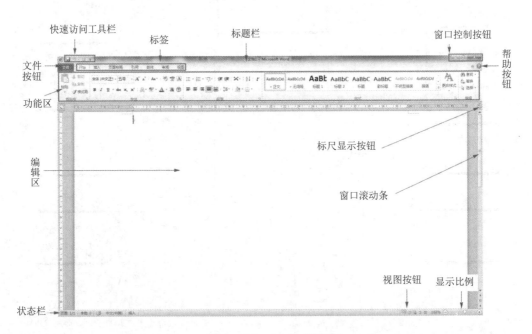

图 4-1　Word 2010 界面

各部分功能如表 4-1 所示。

表 4-1　Word 2010 各部分功能

序号	名称	功能说明
1	Word 程序控制图标 W	单击图标，可以打开 Word 程序窗口控制菜单，进行相关窗口控制，如还原、移动、缩放、关闭等操作；双击，提示保存当前文档，确认后退出程序
2	快速访问工具栏	在该工具栏中集成了多个常用的按钮，默认状态下包括"保存"、"撤消"、"恢复"按钮。用户也可以根据需要对其进行添加和更改
3	标题栏	用于显示当前正在编辑的文件的标题和类型，默认文档名称为：文档 1、文档 2、…
4	窗口操作按钮	用于设置窗口的最大化、最小化或关闭窗口
5	"文件"选项按钮 文件	单击"文件"按钮 文件 ，查看 Microsoft Office Backstage 视图，用于对文档执行操作的命令集中在 Backstage 视图。该视图中可以管理文档和有关文档的相关数据，如新建、打开、保存、关闭、打印和发送文档，检查文档中是否包含隐藏的元数据或个人信息等。其中的"选项"命令，用于对 Office 2010 的一些基本性能进行设置，如设置打开或关闭"记忆式键入"建议之类的选项。再次单击 文件 或按 Esc 键，退出 Backstage 视图
6	标签	默认主要显示"开始"、"插入"、"页面布局"、"引用"、"邮件"、"审阅"、"视图"和"加载项"8 个标签。单击相应的标签，即可显示相应的选项卡，在不同的选项卡中为用户提供了多种不同的操作设置选项
7	功能区展开♡折叠∧按钮	单击相应按钮，隐藏∧或展开♡标签下的功能区
8	帮助按钮 ❓	单击可打开相应的 Word 帮助文件
9	功能区	功能区中包含用于在文档中工作的命令集。用户单击功能区上方的标签，即可打开相应的功能区选项卡，如图 4-1 所示即打开了"开始"选项卡，在该区域中用户可以对字体、段落等内容进行设置。功能区中有许多自动适应窗口大小的工具组，包含了可用于文档编辑排版的所有命令
10	工具组对话框启动器	单击功能区工具组右下角的对话框启动器 ，便可打开该工具组更多命令设置的对话框
11	编辑区	用来输入与编辑文本的区域，用户可以在此对文档进行编辑操作，制作需要的文档内容。在此区域内显示的一个闪烁的竖线称为插入点，用来确定输入字符、插入图形和表格的起始位置
12	状态栏	显示当前的状态信息，如页数、字数及输入法等信息
13	视图按钮	单击需要显示的视图类型按钮，即可切换到相应的视图方式下
14	显示比例	对文档进行查看，用于设置文档编辑区域的显示比例，用户可以通过拖动缩放滑块来方便快捷地进行调整
15	标尺显示按钮	单击可在页面视图下打开水平和垂直标尺，在普通视图下打开水平标尺
16	滚动条	滚动条分为水平滚动条和垂直滚动条，单击拖动滚动条可移动窗口，显示浏览整个文档的页面内容

另外，还可以利用创建的 Word 2010 快捷方式启动和打开现有 Word 文档关联启动 Word 2010 两种方式。

4.1.2　Word 选项

单击"文件"按钮，在 Backstage 视图中，单击命令选项列表左下方的"选项"按钮，打开如图 4-2 所示的"Word 选项"对话框。

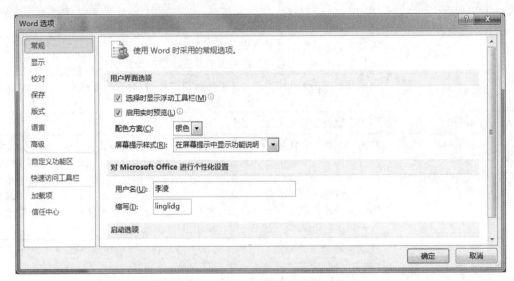

图 4-2　"Word 选项"对话框

Word 选项设置用于更改 Word 中的基础性设置，如度量单位、默认保存文件的位置、段落标记的显示、定时自动保存文档、文档自动备份等。

在 Office 系列办公软件中，相应的"选项"对话框都是进行软件应用基础性设置的地方，启动设置对话框的方法相同。

4.1.3　退出 Word 2010

退出 Word 2010，可以单击"文件"按钮，在弹出的对话框中单击命令列表左下方的"退出"按钮；或双击"Word 程序控制图标"按钮 ；也可以单击 Word 2010 窗口右上角的"关闭"按钮。

4.2　文档的基本操作

文档的操作主要包括新建文档、保存文档和打开文档等。

4.2.1　创建文档

创建新文档的方法有 3 种：一是启动 Word 2010 后，系统自动直接创建名为"文档 1"的空白新文档；二是在编辑文档时单击"文件"按钮，在 Backstage 视图中单击命令选项列表"新建"中的命令；三是按快捷键 Ctrl+N。

新建文档后，即可在文档中输入文字、符号、图片、图形及其他对象。

1. 文档编辑状态

在状态栏上显示了当前的编辑状态，编辑状态有两种：插入和改写，单击它，可以在两种状态间进行切换。"插入"状态，键入的文字将插入到插入点处；而"改写"状态，键入的文字将替换插入点后的文字。

2. 分行、分段、分页、分节

（1）分行。

Word 有自动绕行的功能。人工可以实现提前分行，方法是键入"软回车"——Shift+Enter 组合键，产生一个"↙"人工分行符。

（2）分段。

段落是一个格式编排的单位，每一个段落都会有一个段落标记符"↵"。分段就是"回车"—— Enter 键。默认状态下，段落格式是继承的，也就是说下一段落会继承上一段落的格式。

（3）分页。

分页也是 Word 的自动功能，Word 会随着页面的大小自动调整分页的位置。但有时，我们需要在文档的某一位置确定分页，而不是让它随着页面的大小而自动分页。将插入点移到要插入人工分页符处，键入"硬回车"——Ctrl+Enter 组合键，即可实现人工分页。

（4）分节。

节是一个重要的编辑单位，通常一篇文档就是一节。但有时在同一篇文档中，需要出现不同的纸张大小、不同的页眉页脚时，就需要进行分节的操作了。分节操作，单击"页面布局"标签选项区中的"分隔符"命令，在弹出的菜单中选择一种"分隔符"，如图 4-3 所示。

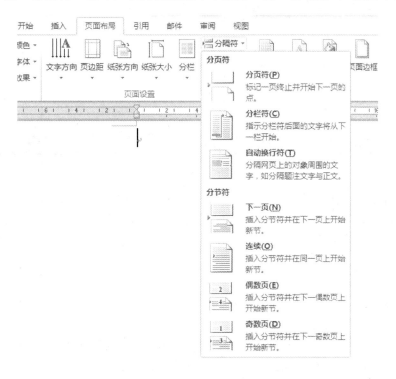

图 4-3　分隔符

3. 符号的插入

键盘上有的符号可以直接键入，没有的符号可以通过输入法中的软键盘输入，也可以通过"插入"标签中的"符号"功能组键入数学公式、符号、编号等。

4.2.2　保存文档

对于新建或编辑修改的文档，要及时保存，防止因意外情况造成文档丢失。保存文档也分为两种情况：①系统自动新建默认名为"文档1"、"文档2"的系列文档；②已经有了一个确定的文件名或已保存过的文档。

对于新建文档的保存，单击"文件"按钮，在 Backstage 视图中单击命令选项列表中的"保存"或"另存为"命令，或者单击快速访问工具栏上的磁盘形按钮，将会出现如图4-4所示的"另存为"对话框，在其中为新文件选择指定路径位置、文件名称和类型后单击"保存"按钮。保存的文件类型可以为 Word 文档、RTF、网页、模板、Word XML 文档、纯文本文件（.txt）等。默认为 Word 文档，文件扩展名为.docx。

图4-4　保存文件

保存已保存过的文档，只需单击快速访问工具栏上的按钮，或者按 Ctrl+S 组合键。

对于需要更改保存位置、类型或换名保存的文档，需要单击"文件"按钮选择"另存为"命令，弹出如图4-4所示的"另存为"对话框，其操作方式与新文档保存完全相同。

4.2.3　打开文档

双击需要打开的文档，即可打开文档。

在 Word 2010 中，打开文档还可以单击"文件"按钮，选择"打开"命令，或按快捷键 Ctrl+O，弹出"打开"对话框（类似于图4-4所示的"另存为"对话框）。在弹出的"打开"对话框中搜索文档保存的磁盘位置，在列表中找到要打开的文档并单击，再单击"打开"按钮。

4.3　文档的基本编辑方法

文档编辑是 Word 中经常性的工作。使用键盘配合鼠标可以完成增删文本，实现选中、复制、剪切、粘贴、删除所选对象的操作。

4.3.1　选定文本

要编辑或修改输入的文本内容，首先必须选定它们。在 Word 2010 中有多种选择文本的方法，可以采用鼠标来选定，也可以采用键盘来选定，还可以将键盘鼠标配合在一起进行选定。用户可以根据自己的喜好使用不同的方式来选择文本。

选中一行、一段、一篇文档的方法是将鼠标置于编辑区窗口左边的选中区，当光标变为空心箭头时，分别用单击、双击、三击实现。

（1）选定几个字符。

单击要选定文本的第一个字符，使插入点置于该字符前，按住鼠标左键，同时向下或向右拖动鼠标，使要选定的文本呈反显状态，再释放鼠标，即可完成选择。

（2）选定一行。

将插入点置于要选定文本的左侧选择区，使鼠标指针呈空心箭头形状，单击鼠标左键，即可完成选择。

（3）选定一句话。

按住 Ctrl 键的同时单击这句话的任意位置，即可完成选择。

（4）选定一段长文本。

单击要选定文本段落的第一个字符，再在按住 Shift 键的同时单击要选定文本段落的最后一个字符，即可完成选择。

（5）选定一个矩形区域文本。

按住 Alt 键的同时按住鼠标左键拖出一个矩形区域，释放鼠标，即可完成选择。

（6）选定多个区域。

首先根据前面的方法拖动鼠标选定第一个区域，然后按住 Ctrl 键使用鼠标选定其他区域，这样即可同时选择多个区域。

（7）选定整篇文档。

将鼠标指针置于文本的左侧，当鼠标指针变成指向右上方的空心箭头形状时三击鼠标左键，即可选定整篇文档。

也可以按 Ctrl +A 快捷键来选定整篇文档中的文本；使用快捷键 Shift+Home 选定从插入点位置到该行行首的所有内容；使用快捷键 Shift+End 选定从插入点位置到该行行尾的所有内容。

4.3.2　移动、复制粘贴和删除文本

在对文字进行编辑的时候，当文档中的某个句子或段落的位置不恰当时，就需要移动其位置使文档前后一致，如果要编辑的内容与已经编辑好的内容有相同的地方，为了节省时间可以使用"复制"、"剪切"及"粘贴"命令来简化工作过程。

1. 移动文本

按住鼠标左键不放，将所选定的文本拖动到目标位置即可。除了可以通过拖动来移动文本外，还可以通过"开始"标签下的"剪切"（快捷键 Ctrl+X）和"粘贴"（快捷键 Ctrl+V）命令来移动文本。

2. 复制粘贴文档

按住 Ctrl 键的同时拖动鼠标将所选定的文本到目标位置，然后释放 Ctrl 键。先选定复制

的文本（被选定的文本呈反显状态），然后在"开始"选项卡中单击"复制"按钮，或按快捷键 Ctrl+C，即可将选定文本复制到 Word 剪贴板中。在目标位置上，在"开始"选项卡中单击"粘贴"按钮，或按快捷键 Ctrl+V，被复制的文本就粘贴到了插入点所在的位置。

3．删除文本

选取要删除的文本内容，按 Delete 键或 Backspace 键即可删除。

4.3.3　查找和替换

查找和替换是文字处理过程中常用的功能。利用该功能可以快速查找和定位文档中的指定内容、格式及特殊字符等。

下面介绍启动查找和替换功能的方法。

1．查找

单击"开始"标签功能区的"查找"按钮，或按快捷键 Ctrl+F，在 Word 窗口左侧弹出文档"导航"窗格，在"搜索"文本框中输入要查找的字符，系统会迅速在文档中找到字符，并以黄底黑字显示出来，通过单击"导航"窗格上的"上一处|下一处" ▲ ▼ 定位到需要的搜索结果。

2．高级查找与替换

单击"开始"标签功能区的"查找"按钮右侧的下拉按钮，在弹出的菜单中选择"高级查找"，或单击"开始"标签功能区的"替换"按钮，或者按快捷键 Ctrl+H，弹出如图 4-5 所示的"查找和替换"对话框。

图 4-5　"查找和替换"对话框

Word 2010 还提供了很多特殊字符的查找和替换功能，如段落标记可以用^p 代替，任意字符用？代替，任意字母用^$代替等，利用这些特殊字符可以实现很多特殊的查找替换功能。

如果需要使用特殊的查找替换功能，则单击"更多"按钮，展开后对需要查找或替换的文本进行格式或特殊格式设置。

4.4　格式化文档

文档编辑后，需要对文档进行规范和美化，如设置字体、字号、字形、颜色、段落间距、行间距、缩进、页面背景、分栏、页眉和页脚等。

4.4.1　字体和段落格式

一般在"开始"选项区中选择"字体"和"段落"工具组命令，对所选文本的字形、字号、字体颜色等进行设置，对所选或所在段落的对齐方式、行距等进行设置。

要对"字体"和"段落"进行更为详尽的设置，需要打开"字体"对话框和"段落"对话框，如图 4-6 和图 4-7 所示。打开"字体"对话框的方法是单击"字体"工具组对话框启动按钮或按 Ctrl+D 组合键；打开"段落"对话框的方法是单击"段落"工具组对话框启动按钮。

图 4-6　字体设置

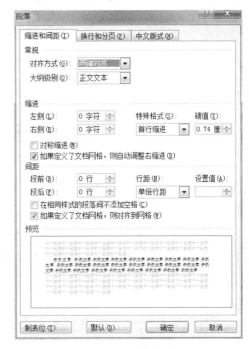

图 4-7　段落设置

在"字体"对话框中有两个选项卡："字体"选项卡和"高级"选项卡。在"字体"选项卡中可进一步设置字体、字号、着重号、下划线等，还可以设置上标、下标、空心、阴影等特殊效果。在"高级"选项卡中，可以设置字与字之间的空白距离、字在垂直方向上的位置高低、设置连字效果等。

在"段落"对话框中有三个选项卡：缩进和间距、换行和分页、中文版式。常用"缩进和间距"选项卡对段落的对齐方式、左右缩进、首行缩进、悬挂缩进、段间间距、行间间距进行设置。

4.4.2　首字下沉

首字下沉是加大段落的第一字，可用于文档和章节开头，也可用于新闻稿和请柬。

单击"插入"标签，在功能区"文本"组中有一个"首字下沉"按钮，单击"首字下沉"按钮，在弹出的级联列表中单击"下沉"按钮即可完成默认首字下沉的效果设置。还可以单击级联列表中的"首字下沉"选项，在弹出"首字下沉"对话框中进行首字下沉的相关设置，如图 4-8 所示。

也可以采用类似"首字下沉"的操作步骤，在"首字下沉"的级联列表中单击"悬挂"命令，实现段落首字的悬挂效果。

4.4.3　拼音指南设置

利用 Word 2010 中的"拼音指南"功能可以为中文字符标注汉语拼音。如果安装了 Microsoft

中文输入法 3.0 或更高版本，还能够自动将汉语拼音标注在选定的中文文字上。

图 4-8　"首字下沉"对话框

　　首先选中需要标注拼音的基准文字，然后在"开始"选项卡中单击"字体"功能组中的"拼音指南"按钮，弹出如图 4-9 所示的"拼音指南"对话框。

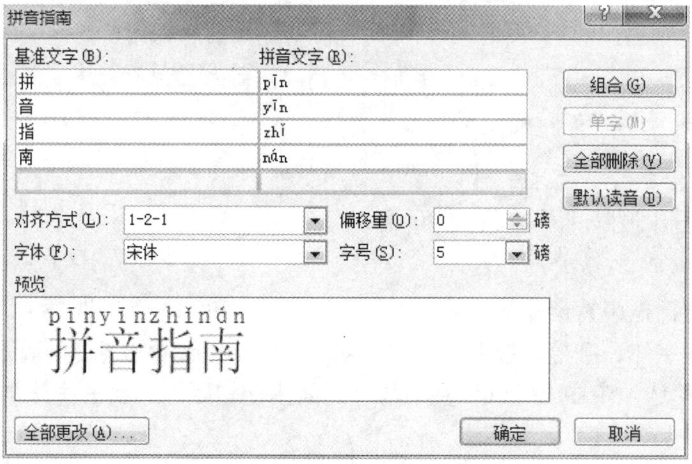

图 4-9　"拼音指南"对话框

　　在其中可以看到系统已经自动为所选基准文本标注了拼音，用户可以对其拼音文字进行修正，同时可以在预览窗口中看到拼音标注效果，单击"确定"按钮。

　　若要删掉设置的拼音指南，可以选中已经应用了拼音指南的文字打开"拼音指南"对话框，单击"清除读音"按钮后再单击"确定"按钮。

4.4.4　分栏设置

　　有时为了使文档的版面更加美观，需要将文档分为两栏或两栏以上。

Word 2010 不但可以对整篇文档进行分栏，还可以对指定的段落进行分栏。

　　选中要分栏的段落（指定的段落进行分栏）或整篇文档文本（整篇文档进行分栏），在"页面布局"选项卡单击"分栏"按钮，在展开的级联列表中选择分栏的栏数；也可在"分栏"按钮展开的级联列表中单击"更多分栏"选项，弹出如图 4-10 所示的"分栏"对话框，可以在"预设"选项组中或在"列数"微调框中设置栏数，在"宽度和间距"选项组中设置栏宽，在"分隔线"复选框设置栏间分隔线等。

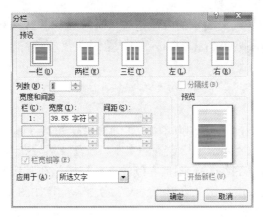

图 4-10　"分栏"对话框

4.4.5　项目符号和编号

项目符号和编号是添加在段落前面的符号，项目符号可以是字符符号或图片。在编制条理性较强的文档时，通常需要插入一些项目符号和编号，以使文档结构清晰、层次分明、项目突出。Microsoft Word 具有在输入文字的同时自动创建项目符号或编号列表的功能，用户也可以在原有的段落行中添加项目符号或编号。

1．在输入文字的同时自动创建项目符号和编号

在空白文档中输入一个编号，如"1."，开始一个编号列表，在其后输入所需要的文本后再按 Enter 键换行，系统自动为下一行添加下一编号，如"2."，接着继续输入列表项，直到完成所需要的列表后按两次 Enter 键，即可结束自动创建编号。

2．为已有文本添加项目符号或编号

首先选中需要设置项目符号或编号的多个段落，单击"开始"选项卡，在"段落"组中单击"项目符号" ≡· 或"编号" ≡· 右侧的下拉按钮，在弹出的列表框中选择一种符号或编号格式，如图 4-11 所示。

图 4-11　项目符号库

在"项目符号"设置时，可单击列表框中的"定义新项目符号"命令，在弹出的"定义新项目符号"对话框中定义新符号来设置新的项目符号列表。在"编号"设置时，可单击列表框中的"定义新编号格式"命令，在弹出的"定义新编号格式"对话框中定义新的编号格式。

要取消项目符号或编号，最简单的方法是选中有项目符号或编号的段落，在"开始"选项卡中单击"项目符号"按钮或"编号"按钮，或者单击"项目符号"或"编号"下拉列表框中的"无"选项。

4.4.6 边框和底纹

为文档中的文字或段落设置边框和底纹能起到突出和强调等修饰作用。

设置边框和底纹，首先需要选中待设置的文字、段落，然后在"开始"选项卡中单击"段落"工具箱"边框" 和"底纹" 图标右侧的下拉按钮，在其级联列表中进行设置。

在"边框" 级联列表中单击"边框和底纹"命令，打开如图4-12所示的"边框和底纹"对话框，对文字、段落的边框和底纹进行更为详细的设置，还可以对整篇文档的页面边框进行设置。

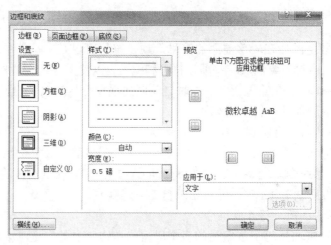

图 4-12   "边框和底纹"对话框

4.4.7 页面设置

页面设置主要包括纸张大小、纸张方向、页边距、文档网格等，涉及文档打印输出前的一些基本设置，也是编辑排版中涉及整体篇章布局的大问题和基础性问题。

单击"页面布局"选项卡，在"页面设置"工具组中可选择文字方向、页边距、纸张方向、纸张大小等进行设置，亦可单击"页面设置"工具组右下角的菜单启动器来打开"页面设置"对话框，如图4-13所示，在其中对页边距、纸张、版式、文档网络进行详细设置。

"页面布局"功能区包括主题、页面设置、稿纸、页面背景、段落、排列等工具组，通过这些工具的设置使文本在页面上按要求进行布局，使界面更加美观、大方、协调。

4.4.8 页眉与页脚

页眉与页脚主要用于放置章、节或其他提示性的标题和页码，甚至可以是作者或日期等信息。

在 Word 中，页眉是指位于上页边距与纸张上边缘之间的图形或文字，页脚是指下页边距与纸张下边缘之间的图形或文字。可以放置在编辑区的内容都可以放置在页眉与页脚区，编辑区与页眉页脚区是页面中相互独立的两个分区。

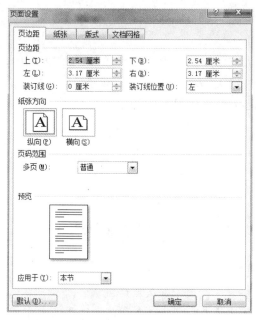

图 4-13　"页面设置"对话框

打开文档，单击"插入"选项卡，在"页眉和页脚"组中单击"页眉"或"页脚"按钮，在弹出的下拉列表框中选择所需的"页眉和页脚"样式，然后根据需要设置页眉或页脚内容。Word 2010 的页眉和页脚样式库中包含了 20 多种页眉和页脚样式，可以快速地制作精美的页眉和页脚。也可以单击下拉列表框中的"编辑页眉"或"编辑页脚"选项，单击一个上下文标签"页眉和页脚工具设计"，内容如图 4-14 所示。

图 4-14　设计标签

在"页眉和页脚工具设计"功能区中可对页眉页脚进行更为详细的设置。

页眉和页脚区与编辑区不能同时编辑。在设置页眉与页脚时，Word 默认编辑区窗口置灰，可以进行页眉和页脚切换与设置。要回到编辑区，则双击编辑区，此时页眉与页脚置灰。

如果页眉与页脚需要重新编辑，同样双击它们，选项卡区会出现如图 4-14 所示的"页眉和页脚工具设计"选项卡，可按要求对页眉和页脚进行编辑或修改。

4.5　艺术字、图片、图形等对象的运用

Word 2010 具有强大的图文混排功能，为了使文档更加美观、增强文档的视觉效果，可以在文档中插入图片、艺术字、图形、对象等。用户可以使用艺术字来突出设置需要放在文档醒目位置的文字和段落，而插入的图片可以是来自文件、扫描的图片，也可以是照片或剪贴画。

4.5.1　插入艺术字

将插入点放置在要插入艺术字的位置，在"插入"选项卡中单击"艺术字"按钮，从展开的 30 种内置艺术字样式列表中选择一种样式，即在当前文档中插入艺术字编辑输入框，同时打开"绘图工具格式"选项卡，如图 4-15 所示。

图 4-15　插入艺术字

在"请在此放置您的文字"艺术字输入框中输入、编辑所需要的文字。在"绘图工具格式"选项卡中，单击"艺术字样式"对话框启动器，打开如图 4-16 所示的"设置文本效果格式"对话框。

图 4-16　"设置文本效果格式"对话框

在其中可根据需要对艺术字的填充颜色、边框颜色、阴影、三维等效果进行设置。

选中艺术字，同样会激活"绘图工具格式"选项卡，可以重新对艺术字进行编辑设置。

4.5.2　插入图片

用户可以将已经保存到电脑中的图片插入到文档中，也可以用数据线直接从扫描仪或数码相机中将图片插入到文档中。

将插入点定位到需要插入图片的位置，然后在"插入"选项卡中单击"图片"按钮，弹出"插入图片"对话框，如图 4-17 所示。

图 4-17　"插入图片"对话框

通过对话框找到并选中图片文件，单击"插入"按钮，即可完成图片插入。

通常情况下，插入图片的格式和效果等并不能完全达到用户的要求，这时就需要对图片进行编辑排版。

选中插入的图片，单击"图片工具格式"选项卡。单击"格式"标签，选择"格式"功能区中的命令可以对图片进行"删除背景"、"大小"、"排列"、"亮度"等的调整，可以单击功能区"图片样式"对话框启动器，打开"设置形状格式"对话框，对图片进行更多格式的设置。

4.5.3　插入剪贴画

Word 2010 中有内置的剪贴画，用户可以根据需要在文档中插入适当的剪贴画来美化文档。下面介绍在文档中插入剪贴画的方法。

将插入点放置在文件中要插入剪贴画的位置，在"插入"选项卡中单击"剪贴画"按钮，在 Word 窗口右侧弹出"剪贴画"任务窗格，如图 4-18 所示。

在"搜索文字"文本框中输入描述剪辑的单词或短语，然后在"结果类型"下拉列表框中勾选一种或多种媒体类型的复选框，单击"搜索"按钮，系统会把自动搜索出的符合用户输入关键字的剪贴画显示在列表中。

单击所需剪贴画右侧的下拉按钮，从展开的下拉列表中单击"预览/属性"选项，用户可以预览该剪贴画并查看其名称、

图 4-18　"剪贴画"任务窗格

类型、大小等信息。如果用户对所选剪贴画的预览效果十分满意，可单击该剪贴画右侧的下拉按钮，从展开的下拉列表中单击"插入"选项，或直接在该剪贴画上单击，系统会自动在插入

点所在的位置插入所选择的剪贴画。

选中文档插入的剪贴画，激活"绘图工具格式"选项卡，可对剪贴画进行文字环绕、裁剪等操作。

4.5.4　插入图形与文本框

Word 2010 提供了 8 组自选图形：线条、矩形、基本形状、公式形状、箭头总汇、流程图、标注、星与旗帜，这些对象都是 Word 文档的组成部分。可以进一步使用图形格式工具设置其颜色、图案、边框和其他效果，更改并增强这些对象。

在"插入"选项卡中单击"形状"按钮，在展开的下拉列表中单击要插入的图形对象，此时光标变成十字形状，按住鼠标左键在文档中拖动绘制出选中的对象，并激活"绘图工具格式"功能区，利用其中功能区丰富的功能命令可进一步设置自选图形的格式，包括自选图形的填充效果、轮廓效果、三维效果和阴影效果等。

文本框是属于"图形"中的"基本形状"，是自选图形的一种。在一些文档，如报纸版式、公司宣传文件和海报等的制作中，需要首先建立一个固定结构布局的架构，然后再向框架中添加内容，这时就要使用文本框来确定文档的框架。

插入文本框的步骤和操作与图形的插入完全相同。在"插入"选项卡中单击"形状"按钮，从展开的下拉列表中单击"文本框"选项，此时光标变成十字形状，按住鼠标左键在文档中拖动绘制出一个文本框，拖曳到适当位置后，释放鼠标左键，即在文档中插入一个文本框，并激活"绘图工具格式"功能区，对文本框进行进一步操作。

4.5.5　插入 SmartArt 图形

SmartArt 图形是信息和观点的视觉表示形式，可以通过从多种不同布局中进行选择来创建 SmartArt 图形，从而快速、轻松、有效地传达信息。通常，在形状个数和文字量仅限于表示要点时，SmartArt 图形最为有效。

可以在 Excel、PowerPoint、Word 或 Outlook 的电子邮件中创建 SmartArt 图形。SmartArt 图形包括循环图、棱锥图、组织结构图、射线图和维恩图等，用来演示流程、层次结构、循环或关系。

创建 SmartArt 图形时，系统会提示用户选择一种类型，如"流程"、"层次结构"或"关系"。类型类似于 SmartArt 图形的类别，并且每种类型包含几种不同的布局。

在"插入"选项卡的"插图"组中单击 SmartArt 按钮，弹出"选择 SmartArt 图形"对话框，如图 4-19 所示。对话框分成左中右三个部分，左边部分列出了 SmartArt 图形的关系类型，如流程、列表等；中间部分列出了该类 SmartArt 图形的关系布局；右边部分给出了此 SmartArt 图形关系布局的显示应用示例图和传达的信息说明。

插入 SmartArt 图形的方法很简单，直接在"选择 SmartArt 图形"对话框中选择需要的图形类型，在适合其信息表达的布局图示上双击即可。

选中文档中插入的 SmartArt 图形，单击"SmartArt 工具设计"和"SmartArt 工具格式"两个标签，有时会同时运行"SmartArt 工具设计"功能区中的"文本窗格"命令，在屏幕上同步弹出"在此键入文字"文本窗格，显示在 SmartArt 图形的左侧。可以通过"文本"窗格输入和编辑在 SmartArt 图形中显示的文字。在"文本"窗格中添加和编辑内容时，SmartArt 图形会自动更新，即根据需要添加或删除形状。

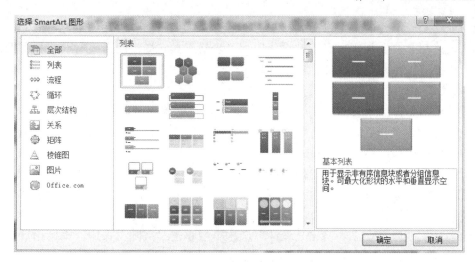

图 4-19　"选择 SmartArt 图形"对话框

使用 SmartArt 功能区命令可对 SmartArt 图表的内容、层级变化、布局、色彩、样式等进行设置。

4.6　表格的应用

表格是 Word 2010 的重要功能之一，表格由行和列的单元格组成，可以在单元格中插入文字和图片。表格通常用来组织和显示信息，还可以使用表格创建有趣的页面版式或者创建网页中的文本、图片嵌套表格等。

4.6.1　创建表格

Word 2010 提供了创建表格的几种方法，用户可根据个人的工作方式及需要选择最好的方法。Word 2010 允许在已有表格中创建新的表格，即创建嵌套表格。可以通过插入的方法创建嵌套表格，也可以用粘贴的方法来创建。

1. 插入表格

将插入点置于文档中要创建表格的位置，然后在"插入"选项卡中单击"表格"按钮，从展开的下拉列表中单击"插入表格"选项，弹出"插入表格"对话框，如图 4-20 所示。

图 4-20　"插入表格"对话框

在其中设置所需的行数和列数，选择表格大小调整的选项，单击"确定"按钮返回，即在文档中创建了一个指定行列的表格。

插入表格后，会激活"表格工具设计"和"表格工具布局"两个选项卡，利用表格工具可以对表格样式进行设置和对表格进行编辑修改。

2．拖曳鼠标自动创建表格和手工绘制创建表格

除了使用对话框插入表格外，还可以直接拖曳鼠标创建表格和手工绘制表格。

拖曳鼠标创建表格的方法是：从"插入"选项卡的"表格"下拉列表中直接拖曳鼠标选择所需的行数和列数，然后单击鼠标。

手工绘制表格的方法是：在"插入"选项卡中单击"表格"按钮，从展开的下拉列表中单击"绘制表格"选项，此时鼠标指针变为笔形，拖曳鼠标绘制一个矩形来确定表格的外围边框，再用笔形鼠标指针在矩形内绘制所需的行、列框线。

对于多出的线段，在"表格工具设计"选项卡中单击"擦除"按钮，鼠标指针变为橡皮擦状，单击或拖曳鼠标选中需要擦除的线即可清除。

4.6.2　编辑表格

当表格插入到文档中或当前工作焦点在表格时，会激活"表格工具设计"和"表格工具布局"两个选项卡。在"表格工具设计"选项卡中可以为表格设置框线、底纹、样式等，在"表格工具布局"选项卡中可以为表格设置对齐方式、排序、计算、表格及单元格的拆分合并、表格与文字的转换等，为表格的编辑、格式编排、数据处理提供丰富的命令。

在表格中输入文字或数据的方法很简单，只需单击表格内需要输入文字的位置，再在其中输入文字或数据即可。但要想使制作的表格符合要求，还需要对表格进行各种编辑。

1．选定表格

表格由行、列、单元格组成，要想对表格进行编辑，首先要选定表格。选中表格，就是根据编辑需要选中整个表格、单元格、行和列。

（1）鼠标指针移向表格左上角的表格选定区，出现十字箭头标记，同时鼠标指针变成黑色十字箭头，此时单击可以选定整个表格。

（2）鼠标指针移向需要选定的单元格左侧，当鼠标指针变成黑色箭头时单击即可选定该单元格，拖动鼠标即可扩展选定区域。

（3）将鼠标指针置于某行的左侧，当指针呈空心箭头状时单击可以选定该行，拖动鼠标可以选定连续的多行。

（4）把鼠标指针指向列顶端的边框，当鼠标指针变成向下箭头形状时单击即可选定列，如果拖动鼠标可以选定连续的多列。

2．移动或复制表格中的数据

选定要移动或复制的单元格内容，按住鼠标左键拖动文本到新位置，即可完成单元格内容的移动。在拖动过程中，同时按住 Ctrl 键，实现单元格内容的复制。注意，在选定单元格内容时，如果只选定文本，而不包括单元格结束的段落标记，则只移动复制单元格文本内容。如果选定内容包括了单元格结束的段落标记，则选中的文本和格式都会覆盖到新的位置。

3．合并、拆分表格与单元格

根据输入数据的需要，可将一个表格或单元格拆分成多个表格或单元格，也可以将几个单元格合并成为一个单元格。

用鼠标选中表格中需要拆分的单元格，然后在"表格工具布局"选项卡中单击"拆分表

格"按钮即可完成表格的拆分。选定要拆分的单元格并右击，从弹出的快捷菜单中选择"拆分单元格"命令，弹出"拆分单元格"对话框，在其中设置拆分后的列数和行数，再单击"确定"按钮，即可完成单元格的拆分。

要合并拆分的表格，只需要选定要合并的两表间的空行，再按 Delete 键即可。要合并单元格，需要先选定要合并的单元格，然后在"表格工具布局"选项卡中单击"合并单元格"按钮。

4. 行列、单元格的插入与删除

根据输入数据的需要，有时需要在已有单元格中插入或删除行、列或单元格。

同样，插入和删除行、列、单元格在"表格工具布局"选项卡中很容易进行，同时也可通过快捷菜单中的命令来完成。例如在表格中插入行，在表格中要插入行的位置右击，从弹出的快捷菜单中选择"插入"，再从其级联菜单中选择插入行的位置。

删除行、列、单元格，除了以上介绍的方法外，还可以选中要删除的对象（单元格、行、列、表格），然后直接按回退键 Backspace。

4.6.3　表格属性、样式及表格与文本的相互转换

在 Word 2010 中，可以通过设置表格属性来调整表格的对齐及行列宽度等格式；可以套用 Word 2010 提供的多种实用的内置表格样式来快速创建具有一定格式的表格；可以利用表格文本的转换功能方便快捷地把文本转换成表格，或者把表格转换成文本。

1. 表格属性的设置

在"表格工具布局"选项卡中单击"属性"按钮，弹出"表格属性"对话框，如图 4-21 所示。

图 4-21　"表格属性"对话框

在"表格"选项卡中可进行表格对齐方式、文字环绕方式、边框和底纹的设置；在"行"选项卡中可设置行高等；在"列"选项卡中可设置列宽等；在"单元格"选项卡中可设置单元格大小、单元格内容在垂直方向上的对齐方式。

2. 表格样式应用

选中表格，在"表格工具设计"选项卡中选择一种内置表格样式选项并单击"确定"按

钮，当前表格即可应用这一样式。

Word 2010 提供了丰富的表格样式，可通过单击"表样式"组列表右侧的下拉按钮展开样式列表来浏览选择更多的内置表格样式，也可以选择"新建表格样式"、"修改表格样式"选项进行表格样式的再创作，还可以选择"清除"命令来删除不满意的表格样式。

3．表格和文本之间的转换

（1）将表格转换为文字。

选中要转换的表格，在"表格工具布局"选项卡中单击"数据"工具组中的"转换为文本"按钮，弹出"表格转换成文本"对话框，如图 4-22 所示。

图 4-22　"表格转换成文本"对话框

在其中设置一种文字分隔符，单击"确定"按钮即可完成由表格到文字的转换。

（2）将文字转换为表格。

首先选定要转换为表格的文字（注意原始文字的行列分隔符号要保持一致，如列与列之间统一用逗号隔开，行与行之间统一用回车隔开），然后在"插入"选项卡中单击"表格"按钮，在展开的下拉列表中单击"文本转换为表格"选项，在弹出的"将文字转换成表格"对话框中进行设置（Word 会自动识别列数），设置完成单击"确定"按钮，即可完成由文字到表格的转换。

4.6.4　表格中的数据处理

Word 中的表格数据处理功能非常简单实用，主要包括表格内容的排序和计算。

1．排序

可以根据需要对表格中的数据进行升序和降序排列。

选中要排序的行、列或整个表格，然后在"表格工具布局"选项卡中单击"排序"按钮，弹出"排序"对话框，如图 4-23 所示。

在其中设置排序的关键字和排序的升降秩序。一次最多设置三个关键字，当主关键字相同时，按次关键字排序，依此类推。对汉字的排序可以选择的依据是拼音或笔画。设置完毕后单击"确定"按钮。

2．数据计算

在使用表格时，经常会遇到对一些数据相加求和之类的简单计算，Word 提供了一组常用函数，如 SUM()、AVERAGE()、COUNT()、ABS()、INT()、IF()等，可以帮助用户快速完成一些常用的计算操作。

将插入点定位在需要插入计算结果的单元格中，然后在"表格工具布局"选项卡中单击"公式"按钮，弹出"公式"对话框，如图 4-24 所示。

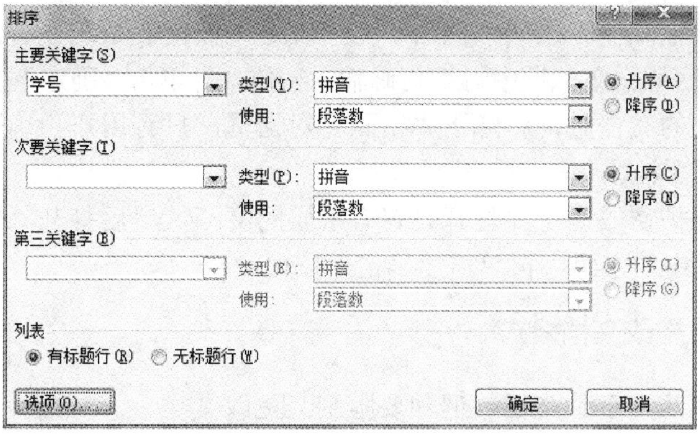

图 4-23　"排序"对话框

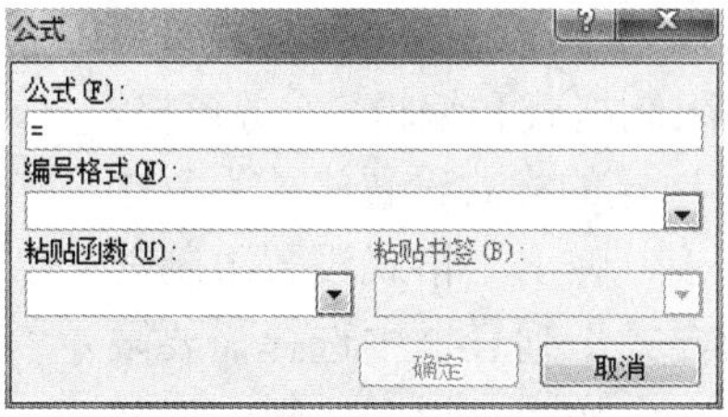

图 4-24　"公式"对话框

　　在其中进行公式的输入，并可设置计算结果的格式。如在"公式"文本框中输入了公式"=SUM(ABOVE)"，单击"确定"按钮，可以得到对当前单元格以上这一列中其他单元格数据求和的结果。对于内置函数，可以通过单击"粘贴函数"下拉列表框来选择需要的函数。在输入公式时，切忌将公式前的"="删掉，在 Office 中公式必须以"="开始。

4.7　文档保护

　　为了杜绝未经允许的用户打开文档，可以为文档设置密码保护。

4.7.1　文档加密

　　为文档加密是为了防止陌生人打开用户的私密文件。加密后的文档在不知道密码的情况下，其他用户是不能打开或查找的，只有在有密码的情况下方能打开。
　　单击"文件"按钮，在 Microsoft Office Backstage 视图中选中"信息"命令，再在右侧单击"保护文档"图标，在其级联菜单中选择"用密码进行加密"命令，弹出"加密文档"对话框，如图 4-25 所示。

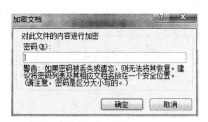

图 4-25　"加密文档"对话框

在"密码"文本框中输入密码，然后单击"确定"按钮，系统接着弹出"确认密码"对话框，在"重新输入密码"文本框中再次正确输入密码，再单击"确定"按钮，就加上了密码。

打开设置了密码的文档时，将弹出"密码"对话框，只有用户正确输入密码并单击"确定"按钮后才可打开文档。

要取消文档的保护密码，可先打开设置有密码的文档，然后打开"加密文档"对话框，删除"密码"文本框中的密码，再单击"确定"按钮。

4.7.2　限制他人更改文档格式

如果用户允许其他人查看文档，但却要限制其更改文档的格式和对文档进行编辑，此时可以使用文档保护功能来限制其他人更改文档格式。

在"审阅"选项卡中单击保护功能组的"限制编辑"按钮，在 Word 窗口右侧弹出"限制格式和编辑"任务窗格，如图 4-26 所示。勾选"限制对选定的样式设置格式"复选框，接着单击"设置"文字链接，弹出"格式设置限制"对话框，在"当前允许使用的样式"列表框中选择需要限制设置格式的样式，单击"确定"按钮，返回"限制格式和编辑"任务窗格。继续勾选"仅允许在文档中进行此类型的编辑"复选框，然后在其下方的下拉列表中选择"不允许任何更改（只读）"选项，勾选"每个人"复选项，然后单击"是，启动强制保护"按钮，弹出"启动强制保护"对话框，选择"保护方法"为"密码"，然后分别在"新密码（可选）"和"确认新密码"文本框中输入密码，完成后单击"确定"按钮。

如果要取消保护，可再次打开"限制格式和编辑"任务窗格，然后单击"停止保护"按钮。

图 4-26　"限制格式和编辑"窗口

更多的文档保护设置，如"数字签名"等，均在 Microsoft Office Backstage 视图中。单击"文件"按钮，选中"信息"命令，再在右侧单击"保护文档"图标，在其级联菜单中，可以选择更多的文档保护设置项目。

4.8　文档打印输出

文档编排完成后，可以通过打印机输出纸质文档。在 Microsoft Office Word 2010 程序中，现在可以在单个位置预览并打印 Word 文件，这就是 Microsoft Office Backstage 视图中的"打印"选项卡。

单击"文件"按钮，在 Microsoft Office Backstage 视图中选择"打印"选项卡，其中默认打印机的属性自动显示在屏幕左边的第一部分中，文档的预览自动显示在屏幕右边的第二部分中，如图 4-27 所示。

在右边预览文档打印效果，查看文档编排是否有不足之处，若需要修改，单击"文件"按钮或按 Esc 键返回文档并进行编辑更改。

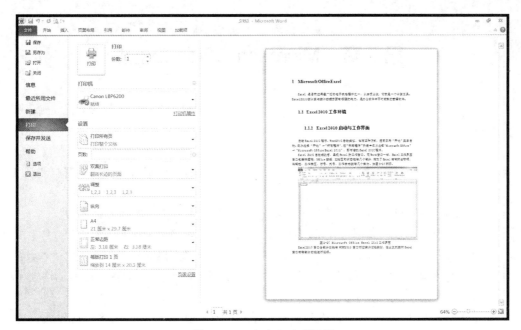

图 4-27　"打印"选项视图

对文档进行了预览之后，在左边设置打印机属性或者进行页面设置。要更改打印机的属性，则单击该打印机名称下的"打印机属性"；要进行详细的打印页面设置，则单击第一部分右下角的"页面设置"。

当所有设置完成后，预览文档，文档看起来均符合要求时单击"打印"，开始打印输出文档。

打印前的文档页面格式设置通常情况下是用"页面布局"功能区中的命令来完成的。另外，页面视图是"所见即所得"视图。在页面视图下，通过调整显示比例滑块可以同时预览多页或局部页面内容，实现预览功能。

第5章　Microsoft Office Excel

学习目标

- 认识工作簿、工作表、单元格、单元格内容等概念，能够对比 Word 窗口描述 Excel 窗口的功能和特点。
- 熟练掌握 Excel 软件的操作技能，具有建立工作表和管理工作表的能力。
- 熟练掌握工作表的复制、移动、新建、更名、插入等编辑操作和设置背景、标签颜色等格式化操作，能够正确而熟练地选取单元格，并能准确迅速地在单元格中输入数据。
- 熟练掌握单元格文本格式的设置和表格行高列宽的设置，能够进行单元格数字格式设置。
- 了解电子表格数据计算的意义，熟练掌握公式和函数中的单元格引用方式，会正确输入和使用公式，会使用常用函数完成一些计算任务。
- 能够使用图表向导完成数据的图形化操作，并能对图表进行格式化和重新设置操作。
- 了解数据列表的概念，熟练掌握数据"记录单"工具的使用。
- 熟练掌握数据列表排序、分类汇总、筛选等数据处理分析的基本操作。
- 熟练掌握工作表的打印设置和打印基本操作。

知识结构

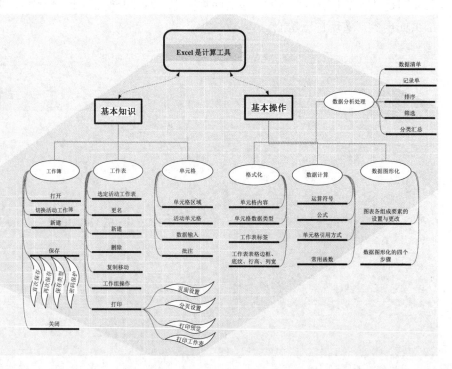

Excel 是目前应用最广泛的电子表格程序之一，从本质上说，它就是一个计算工具。Excel 2010 在计算与统计数据方面具有很强的能力，是办公软件中不可或缺的管理软件。

5.1　Excel 2010 工作环境

5.1.1　Excel 2010 的启动与工作界面

启动 Excel 2010 程序与启动 Word 2010 类似，也有三种方式，通常采用"开始"菜单启动：选择"开始"→"所有程序"→Microsoft Office→Microsoft Office Excel 2010。

Excel 2010 启动成功后，呈现 Excel 的工作窗口。同 Word 窗口一样，Excel 的工作窗口包括标题栏、"文件"按钮、标签栏、功能区和状态栏等，同时增加了 Excel 特有的名称框、编辑栏、工作表区、行号、列号、工作表标签等，如图 5-1 所示。

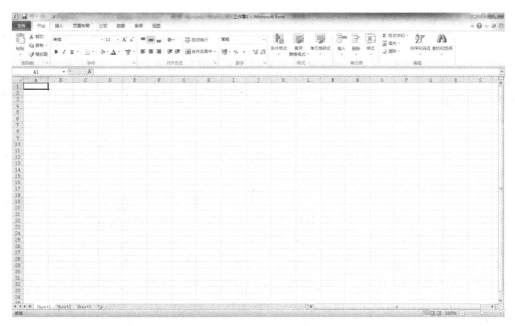

图 5-1　Microsoft Office Excel 2010 工作界面

Excel 2010 窗口各部分功能与 Word 2010 窗口对应部分功能类似，在此仅列表对 Excel 窗口特有的部分功能进行说明，如表 5-1 所示。

表 5-1　Excel 窗口特有功能的说明

序号	名称	功能说明
1	工作簿窗口控制按钮	用于单独设置工作簿窗口的最大化、最小化、还原或关闭窗口等操作
2	名称框	显示所在单元格或单元格区域的名称或引用，也可用来定义新的名称
3	编辑栏	可直接在此向当前选中的单元格区域输入数据内容，在单元格中直接输入的数据内容也在此同步显示
4	工作表区	呈现数据、单元格、工作表、各类图表的区域，是主要的数据操作区
5	行号	在工作表区的左侧显示单元格行号，如 1、2、3…

续表

序号	名称	功能说明
6	列号	在工作表区的顶端显示单元格列标，如 A、B、C…
7	工作表标签	在工作表区左下部。默认情况下，一个工作簿包含三张工作表，单击工作表标签，可切换到相应的工作表
8	插入工作表	位于工作表标签区最右侧，单击它，则在当前工作簿中新建一张工作表

5.1.2　单元格、工作表与工作簿的概念

启动 Excel 2010 后，单击"文件"按钮，在弹出的菜单中选择"新建"命令，弹出"新建工作簿"对话框，选择"空工作簿"并双击，系统自动创建一个名为 Book1.xlsx 的工作簿文件。这个文件有三张工作表 Sheet1、Sheet2、Sheet3，每一张工作表都是一张二维表格，表格中的网格就是我们所说的单元格。

Excel 所创建的文件称为工作簿，它是用户进行 Excel 操作的主要对象和载体，在 Excel 2010 中是一个扩展名为.xlsx 的文件。工作表是工作簿的组成部分，一个工作簿文件至少需要包含一张可视的工作表，系统默认为工作簿创建三张工作表：Sheet1、Sheet2、Sheet3。每一张工作表都是由若干行、列组成的二维表格，行列相交成单元格，所以也可以说单元格构成了工作表。

工作簿的英文名称是 Work Book，工作表的英文名称是 Work Sheet，单元格的英文名称是 Cell。工作簿类似于一本书，工作表类似于书中的书页，单元格就类似于书页承载的内容物，是组成工作表的基本元素。

可以理解，对工作簿的操作都是文件层次的，如新建、打开、保存、关闭、工作簿文件密码保护等，同 Word 2010 中对文件的操作方法一致，都在"文件"Backstage 视图中完成。同样地，在 Excel 2010 中单击"文件"按钮可查看 Microsoft Office Backstage 视图。

涉及工作表层面的操作一般只有工作表的命名更名操作、复制移动工作表操作、插入删除工作表操作、工作组操作等。工作表层面的操作都可以在工作表标签部分来进行，工作表标签就相当于对应工作表的图标，在操作系统中对图标对象的操作，如拖曳、单击、双击、右击的操作方法都可以很好地迁移过来。

而单元格是整个电子表格的核心，对数据的输入、格式编排、计算、数据图形化、数据处理等都是基于单元格的。

5.2　单元格及其基本操作

单元格是工作表最基本的组成单位，可以在单元格内输入和编辑数据。单元格中可保存的数据包括数值、文本和公式，除此以外，用户还可以为单元格添加批注以及设置多种格式。

5.2.1　在单元格中输入数据

在单元格中输入数据是最基本的工作。可以选中单元格并双击，直接在单元格中输入；也可以选中单元格后，在编辑栏中输入数据。

　　在单元格中，用户可以输入数值、文本、日期和时间等多种类型的数据，但 Excel 处理各种数据的方法是不一样的。数值、日期、时间、货币型等默认右对齐，文本型默认左对齐。数值型精确到前 15 位。

　　当需要修改数据类型或数据格式时，可以使用如图 5-2 所示的"设置单元格格式"对话框。启动"设置单元格格式"对话框的方法是，在"开始"选项卡的"单元格"功能组中单击"格式"选项，在展开的菜单中单击"设置单元格格式"命令；或者按 Ctrl+1 组合键

图 5-2　"设置单元格格式"对话框

　　"设置单元格格式"对话框有"数字"、"对齐"、"字体"、"边框"、"填充"、"保护" 6 个选项卡。在"数字"选项卡中，可以设置输入数据的类型和数据显示的基础格式；在"对齐"选项卡中，可以设置输入数据在单元格中水平、垂直方向上的对齐方式、文字倾斜角度、合并、折行显示等；在"字体"选项卡中，可以设置输入数据的字体、字号、上标、下标等文字效果；在"边框"选项卡中，可以设置单元格框线，一般来讲工作表中的网格线在打印时是不存在的，若需要打印的线条则要进行边框的设置；在"填充"选项卡中，可以设置单元格底纹背景样式；在"保护"选项卡中，可以设置单元格或输入数据的锁定、隐藏等保护。

　　在单元格中输入身份证号码、学号、各种由 0 开头的编号时，应以文本方式输入，通常以一个单撇号"'"开头。

5.2.2　单元格数据自动填充

　　Excel 的自动填充功能可以轻松地在一组单元格中输入一系列数据，或是复制公式和函数。

　　自动填充数据的方法：选择输入了初始填充数据的单元格或单元格区域，将鼠标指针指向选中区右下角的填充柄，按下鼠标左键拖放即可复制数据，或自动完成一系列有规律数据的输入。

　　如果使用自动填充产生的数据不能满足需求，则可以通过"序列"对话框设置更多填充选项，"序列"对话框如图 5-3 所示。

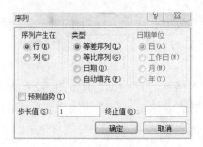

图 5-3　"序列"对话框

打开"序列"对话框的方法有两种：①将鼠标指向填充柄，按下鼠标右键并拖放，在弹出的快捷菜单中选择"序列"选项；②单击"开始"选项卡，在"编辑"选项组中单击"填充"后的下拉按钮，在弹出的菜单中选择"序列"选项。

还可以创建自定义填充序列，自定义列表只可以包含文字或混合数字的文本。自定义填充序列可以基于工作表中已有项目的列表，也可以从头开始键入列表。

单击"文件"按钮，在 Microsoft Office Backstage 视图中单击"选项"命令，弹出"Excel选项"对话框。单击"高级"按钮，然后在"常规"选项卡中单击"编辑自定义列表"命令，弹出"自定义序列"对话框，如图 5-4 所示。

图 5-4　"自定义序列"对话框

可以直接在"输入序列"文本框中输入新的序列，也可以通过"从单元格中导入序列"框从工作表单元格区域选择项目列表，返回到"自定义序列"对话框，确认所选的单元格引用显示在"从单元格中导入序列"框中，然后单击"导入"按钮，所选列表中的项目将添加到"自定义序列"框中，两次单击"确定"按钮返回到工作表。

在工作表中，单击一个单元格，然后键入要用作列表初始值的项目（在自定义填充序列中的序列项目），将填充柄 ⬛ 拖过要填充的单元格，即可完成自定义序列的填充。

同时，在"自定义序列"对话框中，可以对自定义序列进行修改和删除的操作。

5.2.3　单元格的格式

单元格格式包括单元格中的数字格式、文本格式、单元格中数据的对齐方式等，基本都能在"设置单元格格式"对话框中完成。在"开始"选项卡中，有"字体"、"对齐方式"、"数字"、"样式"、"单元格"工具组，它们有众多的选项命令，是单元格格式设置的利器。

Excel 有一个"条件格式"功能，在"开始"选项卡的"样式"工具组中。使用"条件格式"可以为单元格预置一种格式，包括边框、底纹、字体颜色等，在指定的某种条件被满足时，自动应用于目标单元格。例如，在一份成绩表中，可以设置总成绩低于 60 分的全部为红色字体、绿色的单元格底纹。

单元格的格式可以在输入数据前设置，也可以在数据输入后设置。但涉及数字类型的设置，宜在输入数据前进行。

5.2.4　单元格地址与引用

每个单元格都可通过单元格地址来进行标识，单元格地址由它所在列的列标和所在行的行号所组成，通常为"字母+数字"的形式。例如地址为 A1 的单元格就是位于 A 列第一行的单元格。

在当前的工作表中，无论用户是否曾经单击过工作表区域，都存在一个被激活的活动单元格。活动单元格的边框显示为黑色矩形线框，在 Excel 工作窗口的名称框中会显示此活动单元格的地址，其所在的行列标签也会显示出不同的颜色。如第三列和第二行相交的位置的单元格是活动单元格，在名称框中会显示 C2。在工作窗口的名称框中直接输入目标单元格地址可以快速定位到目标单元格所在的位置，同时激活目标单元格为当前活动单元格。

在 Excel 中有两种引用样式（A1 引用样式和 R1C1 引用样式）来表示单元格的地址，默认采用 A1 引用样式，此样式引用字母标识列（从 A 到 XFD，共 16，384 列）以及数字标识行（从 1 到 1048576）。这些字母和数字被称为行号和列标。若要引用某个单元格，请输入后跟行号的列标。例如，B2 引用列 B 和行 2 交叉处的单元格。同时，Excel 还允许对整行或整列进行引用，如 5:5，则表示引用第 5 整行；C:C 表示引用第 3 列即 C 列的所有单元格。

1. 引用方式

当公式中使用单元格引用时，根据引用方式的不同分为 3 种引用方式，即相对引用、绝对引用和混合引用。

（1）相对引用。

公式中的相对单元格引用（如 A1）是基于包含公式和单元格引用的单元格的相对位置。如果公式所在单元格的位置改变，引用也随之改变。如果多行或多列地复制或填充公式，引用会自动调整。默认情况下，新公式使用相对引用。

在复制公式时，Excel 根据目标单元格与源公式所在单元格的相对位置相应地调整 A1 样式下公式的引用标识，列标行号做同步增减。

例如，在工作表的第 1 行第 1 列的单元格中，相对引用第 1 行第 2 列的单元格的公式可表示为"=B1"，将公式复制到工作表的第 3 行第 3 列的单元格，则公式会变为"=D3"，此时引用的是工作表第 3 行第 4 列的单元格。

（2）绝对引用。

公式中的绝对单元格引用（如 $A$1）总是在特定位置引用单元格。如果公式所在单元格的位置改变，绝对引用将保持不变。如果多行或多列地复制或填充公式，绝对引用将不作调整。

复制公式时，不论目标单元格的所在位置如何改变，绝对引用所指向的单元格区域都不会改变。例如，在工作表的第 1 行第 1 列的单元格中，绝对引用第 1 行第 2 列的单元格的公式可表示为"=$B$1"，如果将公式复制到工作表的第 3 行第 3 列的单元格，则公式仍为"=$B$1"，所引用的单元格保持不变，仍是第 1 行第 2 列的单元格。

（3）混合引用。

Excel 中的混合引用包括两种引用方式：列绝对行相对引用（$A1）和列相对行绝对引用（A$1）。如果公式所在单元格的位置改变，则混合引用中的相对引用部分将改变，而绝对引用部分将不变。如果多行或多列地复制或填充公式，相对引用部分将自动调整，而绝对引用部分将不作调整。

- 行相对列绝对引用（$A1）：仅在行方向上为相对引用，而在列方向上为绝对引用。例如，工作表的第 1 行第 1 列的单元格中，以行相对列绝对的方式引用第 1 行第 2 列的单元格的公式表示为"=$B1"；如果将公式复制到工作表的第 3 行第 3 列的单元格，则公式会变为"=$B3"，此时引用的是工作表第 3 行第 2 列的单元格。
- 列相对行绝对引用（A$1）：仅在列方向上为相对引用，而在行方向上为绝对引用。例如，在工作表的第 1 行第 1 列的单元格中，以列相对行绝对的方式引用第 1 行第 2 列的单元格的公式为"=B$1"，如果将公式复制到工作表的第 3 行第 3 列的单元格，则公式会变为"=D$1"，此时引用的是工作表第 1 行第 4 列的单元格。

2. 快速切换 4 种不同引用方式

虽然使用相对引用、绝对引用和混合引用能够方便用户进行公式复制，但是手工输入"$"进行行号或列号的切换时非常繁琐。在选择或输入单元格引用后，默认方式为相对引用（A1），此时按 F4 键，系统会自动在：绝对引用（$A$1）→列相对行绝对引用（A$1）→行相对列绝对引用（$A1）→相对引用（A1）4 种引用方式之间进行循环切换。

5.3　计算基础

单元格中的数值可由放置在其他单元格中的公式来处理或操作。公式能够在后台告诉计算机如何利用单元格中的内容进行计算。用户可以在单元格中输入简单的公式来完成加、减、乘、除等运算。另外，还可以设计更多更为复杂的公式，几乎所有你能想到的运算都可以利用这些公式来完成。

5.3.1　公式

什么是 Excel 的公式（Formula）？公式就是由用户自行设计并结合常量数据、单元格引用、运算符等元素进行数据处理和计算的算式。用户使用公式是为了有目的地计算结果，因此 Excel 的公式必须（且只能）返回值。

从公式结构来看，构成公式的元素通常包括等号、常量、引用和运算符等。其中，等号是不可或缺的。在输入公式时，通常以等号"="作为开始，否则 Excel 只能将其识别为文本。当单元格中首先输入"="时，Excel 就会识别其为公式输入的开始，按 Enter 键结束公式的编辑。

如图 5-5 所示的表达式就是一个简单的公式实例。

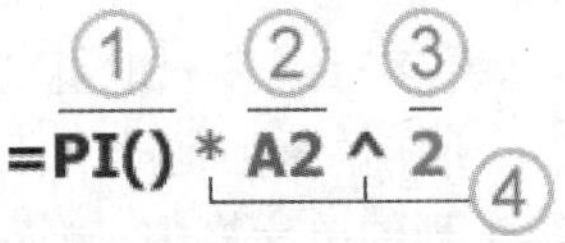

$$=PI() * A2 \hat{} 2$$

图 5-5　公式表达式

公式除开始标志等号"="外，其余 4 部分是：①函数：PI()函数，返回值 pi：3.142；②引用：A2，返回单元格 A2 中的值；③常量：直接输入公式中的数字或文本值，如 2；④运算符：^（脱字号）运算符表示将数字乘方，*（星号）运算符表示相乘。

如果希望对原有公式进行编辑，使用以下几种方法可以进入单元格编辑状态：①选中公式所在的单元格并按 F2 键；②双击公式所在的单元格；③选中公式所在的单元格，单击列标上方的编辑栏。

公式具有可复制性。如果在某个区域使用相同的计算方法，不必逐个编辑函数公式，可以通过拖动单元格右下角的填充柄进行公式的复制；如果公式所在单元格区域并不连续，还可以借助"复制"和"粘贴"功能来实现公式的复制。

5.3.2　运算符

运算符用于指定要对公式中的元素执行的计算类型。计算运算符分为 4 种不同类型：算术、比较、文本连接和引用。

1. 算术运算符

算术运算符如表 5-2 所示。

表 5-2　算术运算符

算术运算符	含义	示例
+（加号）	加法	3+3
－（减号）	减法	3－1
	负数	－1
*（星号）	乘法	3*3
/（正斜杠）	除法	3/3
%（百分号）	百分比	20%
^（脱字号）	乘方	3^2

2. 比较运算符

可以使用表 5-3 所示的运算符比较两个值，结果为逻辑值：TRUE 或 FALSE。

表 5-3　比较运算符

比较运算符	含义	示例
=（等号）	等于	A1=B1
>（大于号）	大于	A1>B1
<（小于号）	小于	A1<B1
>=（大于等于号）	大于或等于	A1>=B1
<=（小于等于号）	小于或等于	A1<=B1
<>（不等号）	不等于	A1<>B1

3. 文本连接运算符

可以使用与号（&）连接一个或多个文本字符串，以生成一段文本。文本连接运算符如表 5-4 所示。

表 5-4　文本连接运算符

文本运算符	含义	示例
&（与号）	将两个值连接或串起来产生一个连续的文本值	"North"&"wind"

4. 引用运算符

可以使用表 5-5 所示的运算符对单元格区域进行合并计算。

表 5-5　引用运算符

引用运算符	含义	示例
:（冒号）	区域运算符，生成对两个引用之间所有单元格的引用（包括这两个引用）	B5:B15
,（逗号）	联合运算符，将多个引用合并为一个引用	SUM(B5:B15,D5:D15)
（空格）	交集运算符，生成对两个引用中共有的单元格的引用	B7:D7 C6:C8

若希望在公式中引用其他工作表的单元格区域，Excel 会自动在引用前添加工作表名，其引用格式为"工作表名+半角感叹号+引用区域"。若工作表名中包含空格、特殊符号（%、&等）或其首字符为数字时，则必须用一对单引号'对其首尾进行标识，如=SUM('1 月'!A1:A10)。

在 Excel 的单元格引用中，当对其他工作簿中的工作表进行引用时，其引用的表达形式为"[工作簿名称]工作表名称!单元格引用"。

5.3.3　计算次序

公式按特定次序计算值。Excel 中的公式始终以等号（=）开始，这个等号告诉 Excel 随后的字符组成一个公式。等号后面是要计算的元素（即操作数），各操作数之间由运算符分隔。Excel 按照公式中每个运算符的特定次序从左到右计算公式。

运算符有优先级，计算时有一个默认的次序。同级运算按自左向右的顺序计算，但可以使用括号更改计算次序。

如果一个公式中有若干个运算符，Excel 将按表 5-6 所示的次序进行计算。如果一个公式中的若干个运算符具有相同的优先顺序（例如，如果一个公式中既有乘号又有除号），Excel 将从左到右进行计算。

表 5-6　运算符优先级

优先级	运算符	说明
1	()	括号，强制改变运算次序
2	:（冒号）（单个空格），（逗号）	引用运算符
3	−	负数（如−1）
4	%	百分比
5	^	乘方
6	* 和 /	乘和除
7	+ 和 −	加和减

续表

优先级	运算符	说明
8	&	连接两个文本字符串（串连）
9	=, <>, <=, >=, <>	比较运算符

5.3.4　函数

Excel 的工作表函数（Worksheet Functions）通常被简称为 Excel 函数，它是由 Excel 内部预先定义并按照特定的顺序、结构来执行计算、分析等数据处理任务的功能模块。因此，Excel 函数也常被人们称为"特殊公式"。与公式一样，Excel 函数的最终返回结果为值。

Excel 函数只有唯一的名称且不区分大小写，它决定了函数的功能和用途。

1. 函数结构

Excel 函数通常是由函数名称、左括号、参数、半角逗号和右括号构成，如图 5-6 所示。

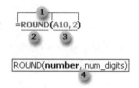

图 5-6　函数结构

（1）函数结构：函数的结构以等号"="开始，后面紧跟函数名称和左括号，然后以逗号分隔输入该函数的参数，最后是右括号。

（2）函数名称：决定了函数的功能和用途。如果要查看可用函数的列表，可单击一个单元格并按 Shift+F3 组合键。

（3）参数：参数可以是数字、文本、TRUE 或 FALSE 等逻辑值、数组、错误值（如#N/A）、单元格引用、常量、公式或其他函数。指定的参数都必须为有效参数值。

（4）参数工具提示：在键入函数时会出现一个带有语法和参数的工具提示。例如，键入"=ROUND("时，工具提示就会出现。工具提示只在使用内置函数时出现。

当 Excel 函数在公式中出现时，它通常由两个部分组成：一个是函数名称前面的等号，另一个是函数本身。当函数的参数也是函数时，Excel 称之为函数的嵌套。

2. 常用函数的分类

在 Excel 函数中，根据来源的不同通常分为 3 种：

（1）内置函数：只要启动了 Excel 就可以使用的函数。

（2）扩展函数：必须通过单击"文件"按钮，然后单击"选项"按钮，在"Excel 选项"对话框中单击"加载项"，在"管理"下拉列表框中选择"Excel 加载项"，然后单击"转到"按钮，启动如图 5-7 所示的"加载宏"对话框。

在"可用加载宏"中完成扩展函数的加载，才能正常使用。

（3）自定义函数：是通过 VBA 代码实现特定功能的函数。

在内置函数和扩展函数中，根据应用领域的不同，Excel 函数一般分为：信息函数、文本和数据函数、日期与时间函数、数学与三角函数、统计函数、查找与引用函数、工程函数、财务函数、数据库函数、宏表函数、其他外部函数等。

图 5-7　"加载宏"对话框

3. 使用插入函数向导插入函数

可以利用"公式"选项卡中"函数库"工具组中的选项输入需要的函数。也可以同公式输入一样，直接在单元格中输入函数。Excel 2010 新增了函数的记忆功能，用户只要输入函数的前几个字母就可以在弹出的快捷菜单中选择相应的函数。

使用"插入函数"对话框插入函数，适合于初学者对函数的应用。

"插入函数"对话框是一个交互式输入函数的对话框，在其提示向导下可以方便地插入函数，如图 5-8 所示。

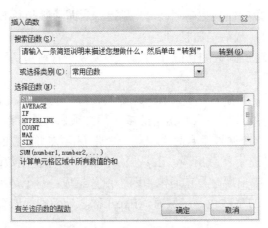

图 5-8　"插入函数"对话框

选中要输入公式函数的任意单元格，按 Shift+F3 组合键，或者单击编辑栏左侧的"插入函数"按钮 fx，或者在"公式"选项卡"函数库"工具组中单击"插入函数 fx"按钮，都可以打开"插入函数"对话框。

在"插入函数"对话框中，如果对函数所属类别不太熟悉，可以在"搜索函数"文本框里输入简单的描述，寻找合适的函数。例如，在"搜索函数"文本框中输入"排名"，再单击"转到"按钮，系统会显示一个"推荐"列表。选中列表中的函数，在对话框下部会显示该函数的简介，单击"有关函数的帮助"链接命令还可以进一步打开该函数的帮助信息，以便对函数的使用有一个全面而深入的了解，如图 5-9 所示。

在"插入函数"对话框中，选择要使用的函数，最后单击"确定"按钮来输入函数。

图 5-9　"插入函数"对话框及"Excel 帮助"窗口

另外，如果要使用如"求和"、"平均值"及"最大值"等常用函数，可以选定数据区域作为参数，在"公式"选项卡的"函数库"选项组中单击"自动求和"按钮，再选择相应功能的函数。

5.3.5　几个常用函数的语法介绍

在 Excel 的 300 多个函数中，用户实际经常使用的函数不足 100 个。对于这些函数的使用方法，都可以在"插入函数"对话框中单击"有关函数的帮助"链接命令，通过函数的帮助信息来了解。

下面简介几个常用函数的语法规则

1. SUM ()求和函数

=SUM(number1,number2, ...)：返回某一单元格区域中所有数字之和。

number1, number2, ...是要对其求和的 1～255 个参数；直接键入到参数表中的数字、逻辑值及数字的文本表达式将被计算；如果参数是一个数组或引用，则只计算其中的数字。数组或引用中的空白单元格、逻辑值或文本将被忽略。

2. SUMIF ()条件求和函数

=SUMIF(range,criteria,sum_range)：按给定条件对指定单元格求和。

有三个参数：①条件比较区域 range：每个区域中的单元格都必须是数字和名称、数组和包含数字的引用；②条件 criteria：确定对哪些单元格相加求和，其形式可以为数字、表达式或文本，如 32、"32"、">32" 或 "apples"；③求和计算区域 sum_range：要相加的实际单元格，可省略此参数，则求和计算区域与条件比较区域 range 一致，range 既用来进行条件比较，也用来执行相加求和。

可以在条件中使用通配符：问号（？）和星号（*）。问号匹配任意单个字符；星号匹配任意一串字符。如果要查找实际的问号或星号，请在该字符前键入波形符（~）。

3．AVERAGE ()平均值函数

=AVERAGE(number1,number2,...)：返回参数的平均值（算术平均值）。

number1，number2，...是要计算其平均值的 1~255 个数字参数。直接键入到参数表中的数字、逻辑值及数字的文本表达式将被计算；如果参数是一个数组或引用，则只计算其中的数字。数组或引用中的空白单元格、逻辑值或文本将被忽略。

4．COUNT ()计数函数

=COUNT(value1,value2,...)：返回包含数字的单元格的个数。

value1，value2，...是可以包含或引用各种类型数据的 1~255 个参数。数字参数、日期参数或者代表数字的文本参数被计算在内，但数组或引用参数中的空白单元格、逻辑值、文本或错误值将被忽略。

5．COUNTIF ()条件计数函数

=COUNTIF(range,criteria)：计算区域中满足给定条件的单元格的个数。

有两个参数：①range 计数统计的区域：一个或多个要计数的单元格，其中包括数字或名称、数组或包含数字的引用；②criteria 计数条件：确定哪些单元格将被计数在内，其形式可以为数字、表达式、单元格引用或文本，如 32、"32"、">32"、"apples" 或 B4。

6．IF ()条件分支计算函数

=IF(logical_test,value_if_true,value_if_false)：根据 logical_test 计算结果不同（TRUE 或 FALSE），TRUE 计算返回 value_if_true 表达式的值，FALSE 计算返回 value_if_false 表达式的值。

有 3 个参数：①logical_test 检测表达式或任意值，可使用任何比较运算符，其计算结果为 TRUE 或 FALSE；②value_if_true 是测试表达式 logical_test 结果为真（TRUE）的返回值，可为任意表达式；③value_if_false 是测试表达式 logical_test 结果为假（FALSE）的返回值，可为任意表达式。

7．AND()逻辑与函数

=AND(logical1, [logical2], ...)：返回一个逻辑值 TRUE 或 FALSE。所有参数 logical1，…，logicaln 的计算结果为 TRUE 时，返回 TRUE；只要有一个参数的计算结果为 FALSE，即返回 FALSE。

函数的一种常见用途就是扩大用于执行逻辑检验的其他函数的效用。例如，IF 函数用于执行逻辑检验，它在检验的计算结果为 TRUE 时返回一个值，在检验的计算结果为 FALSE 时返回另一个值。通过将 AND 函数用作 IF 函数的 logical_test 参数，可以检验多个不同的条件，而不仅仅是一个条件。

类似用途的函数还有=OR(logical1, [logical2], ...)，在其参数组中，任何一个参数逻辑值为 TRUE，即返回 TRUE；所有参数的逻辑值都为 FALSE 时，才返回 FALSE。

8．ROUND ()四舍五入取整函数

=ROUND(number,num_digits)：返回某个数字 number 按指定位数 num_digits 四舍五入取整后的数字。

函数有两个参数：①number 需要进行四舍五入取整的数字；②num_digits 取整指定位：num_digits 等于 0，则四舍五入到最接近的整数；num_digits 大于 0，则四舍五入到指定的小数位；num_digits 小于 0，则在小数点左侧进行四舍五入。

9．RANK ()数字排位函数

=RANK(number,ref,order)：返回一个数字 number 在数字列表 ref 中的排位序号。

通常有 3 个参数：①数字 number：待计算排位序号的数字；②数字排位列表 ref：为数字列表数组或对数字列表的引用，在此列表中的非数值型参数将不会参与排位；③排位方式 order：为一个数字，指明排位的方式，order 为 0（零）或省略，降序；order 不为零，升序。

order 为 0（零）或省略——Microsoft Excel 对数字的排位是基于 ref 为按照降序排列的列表返回排位序号，即值大的排位序号小，值小的排位序号大；order 不为零——Microsoft Excel 对数字的排位是基于 ref 为按照升序排列的列表返回排位序号，即值小的排位序号小，值大的排位序号大。

函数 RANK 对重复数的排位相同。但重复数的存在将影响后续数值的排位。例如，在一列按升序排列的整数中，如果整数 10 出现两次，其排位为 5，则 11 的排位为 7（没有排位为 6 的数值）。

在 Excel 2010 中，RANK()函数已被 RANK.EQ()函数和 RANK.AVG()函数取代，但为了保持与 Excel 早期版本的兼容性，仍然提供此函数。如果不需要后向兼容性，则应考虑从现在开始使用新函数，因为它们可以更加准确地描述其功能。

有关新函数 RANK.EQ()和 RANK.AVG()的详细信息请参阅帮助进行学习。

10．TRIMMEAN ()数据集内部平均值函数

=TRIMMEAN(array,percent)：返回数据集 array 的内部平均值。按照 percent 指定的比例，数据集 array 除去位于数据集头部和尾部两端的数据点后，求得的平均值就是函数返回值。

函数 TRIMMEAN 有两个参数：①数据集 array，需要进行整理并计算平均值的数组或数值区域；②整理数据比例 percent，为去除数据集数据的比例。例如，如果 percent = 0.2，在 20 个数据点的集合中，就要除去 4 个数据点（20×0.2），头部除去 2 个，尾部除去 2 个。

如果 percent < 0 或 percent > 1，函数 TRIMMEAN 返回错误值 #NUM!。

函数 TRIMMEAN 将除去的数据点数目向下舍入为最接近的 2 的倍数。如果 percent = 0.1，30 个数据点的 10% 等于 3 个数据点。函数 TRIMMEAN 将对称地在数据集的头部和尾部各除去一个数据。

5.4　数据图表化

Excel 2010 提供了能够将数据以图形方式显示出来的图表，它使数据之间的关系表现得更加直观、形象，更有利于用户对数据进行处理。用户创建的图表可以直接插入工作表中，也可以保存在其他的工作表中，形成一个独立的新图表。

Excel 2010 的图表类型有柱形图、折线图、饼图、条形图、面积图、散点图、股价图、曲面图、圆环图、气泡图、雷达图等，每种类型的图表还有若干种子图表类型。各种图表都有其特点，用户可以根据需求选择相应的图表类型。

若要在 Excel 2010 中创建图表，首先要在工作表中输入图表的数值数据，然后通过在"插入"选项卡的"图表"组中选择要使用的图表类型来将这些数据绘制到图表中。

5.4.1　图表的创建

数据是图表的基础，若要创建图表，首先需要在工作表中为图表准备数据。对于大多数图表（如柱形图和条形图），数据系列（是在图表中绘制的相关数据点，这些数据源自数据表的行或列，图表中的每个数据系列具有唯一的颜色或图案并且在图表的图例中表示。可以在图表中绘制一个或多个数据系列）的源数据排列在工作表的行或列中，如图 5-10 所示。不过，某些图表类型（如饼图和气泡图）则需要特定的数据排列方式，饼图只有一个数据系列，数据排列在一列或一行数据标签中。

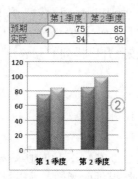

①工作表中的数据；②根据工作表数据创建的图表

图 5-10　图表示例

　　创建数据图表时用户需要注意以下 3 点：①确定要表达的信息；②确定要比较的类型，以及选择所需的图表类型；③根据需要对图表的行列进行切换，以达到最佳的效果。

　　在 Excel 2010 中创建图表的一般方法是：首先选择需要图形化的数据区域，然后在"插入"选项卡的"图表"组中单击一种图表类型按钮，在展开的子图类型图标上单击，即在当前工作表中嵌入选定的图表；或者在"插入"选项卡中单击"图表"组中的对话框启动器启动"插入图表"对话框，如图 5-11 所示，在弹出的"插入图表"对话框左侧的列表框中选中一种图表主类型，然后在右侧的选项列表中选择子图表类型，单击"确定"按钮，即在当前工作表中嵌入选定图表。

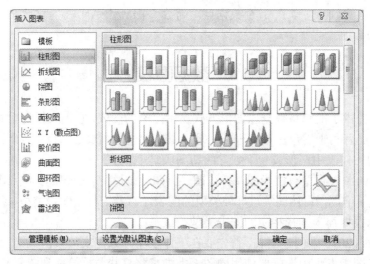

图 5-11　插入图表

　　另外，还可基于默认图表类型迅速创建图表，选择要用于图表的数据，然后按 Alt+F1 组合键或 F11 键。如果按 Alt+F1 组合键，则图表显示为嵌入图表；如果按 F11 键，则图表显示在单独的图表工作表上。

如果不再需要图表，可以将其删除。单击图表将其选中，然后按 Delete 键删除。

5.4.2　图表的编辑

在创建图表之后，有时图表会显得很生硬很难看，不适合表现数据之间的关系，这时可以对图表进行编辑。

图表中包含许多元素，如图 5-12 所示。默认情况下图表会显示其中的一部分元素，而其他元素可以根据需要添加。通过将图表元素移到图表中的其他位置、调整图表元素的大小或者更改格式，可以更改图表元素的显示，还可以删除不希望显示的图表元素。

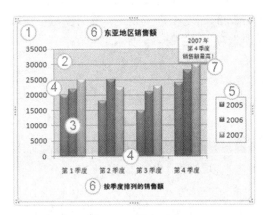

图 5-12　图表元素

图表元素有：①图表区（整个图表及其全部元素）；②绘图区；③数据系列（在图表中绘制的相关数据点，这些数据源自数据表的行或列。图表中的每个数据系列具有唯一的颜色或图案并且在图表的图例中表示。可以在图表中绘制一个或多个数据系列。饼图只有一个数据系列）的数据点；④横（分类）和纵（值）坐标轴（界定图表绘图区的线条，用作度量的参照框架。y 轴通常为垂直坐标轴并包含数据。x 轴通常为水平轴并包含分类），数据沿着横坐标轴和纵坐标轴绘制在图表中；⑤图例；⑥图表以及可以在该图表中使用的坐标轴标题；⑦可以用来标识数据系列中数据点的详细信息的数据标签（图表标题是说明性的文本，可以自动与坐标轴对齐或在图表顶部）。

插入图表返回工作表，或在工作表中选中图表时，系统会激活 3 个图表工具标签。

1. "图表工具设计"选项卡

在此选项卡下，可以进行数据区域的重新选择、行列系列的选择、切换设置数据系列、更改图表类型、选择图表布局及样式，并可在此单击"位置"工具组中的"移动图表"选项重新安排图表的插入位置，新建一张工作表存放图表等操作。"图表工具设计"功能选项区如图5-13 所示。

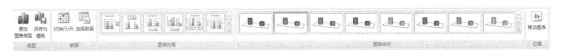

图 5-13　"图表工具设计"功能选项区

2．"图表工具布局"选项卡

在此选项卡下，可以进行图表标题、数据标签、在图表中显示数据表、坐标轴、图例、网格线、图表背景等设置与分布操作。"图表工具布局"功能选项区如图 5-14 所示。

图 5-14　"图表工具布局"功能选项区

3．"图表工具格式"选项卡

在此选项卡下，可以对图表区、绘图区、图例、系列、坐标轴等图表中的子对象设置格式，并可对图表的大小进行精确的高度和宽度设定，对图表与工作表其他对象的位置格式进行设置。"图表工具格式"功能选项区如图 5-15 所示。

图 5-15　"图表工具格式"功能选项区

新生成图表中的各项设置都是默认的，可以充分利用图表工具的 3 个选项卡中丰富的命令对图表进行重新编辑、美化，以达到用户的需求。

5.5　数据的简单处理与分析

通常情况下，编辑好数据之后可以方便地对数据进行处理和分析，这是 Excel 一个强大的功能。Excel 的数据管理都与数据清单或数据库有关，因为数据清单或数据库中的数据都是按行或列的方式进行组织的，而排序、数据筛选及分类汇总、数据透视表等都与数据的行与列有关。

5.5.1　数据清单

数据清单又称数据列表。数据清单是工作表中的一个特殊的数据区域，是一个结构化数据的单元格区域。该区域是一个由行列组成的矩形区域，而且在此矩形区域中没有空白的列和空白的行。数据清单区域中的每一行相当于二维表的一条记录，每一列相当于二维表中的一个字段，列标题就相当于字段名。

本节所探讨的数据处理与分析都是基于数据清单的。一般来讲，一张工作表往往只能存在一个称为"数据清单"的单元格区域，可以将数据清单看作为数据库的二维表。

数据清单可以像普通数据一样直接建立和编辑，也可以通过"记录单"以记录为单位编辑。在"记录单"中可以对记录进行新建、修改、删除、查看和查询等操作。"记录单"对话框如图 5-16 所示。

"记录单"命令不在 Excel 功能区中显示。打开记录单的方法是：单击"Excel 选项"对话框中的"快速访问工具栏"选项，在"从下列位置选择命令"下拉列表框中选择"不在功能区中的命令"，然后在命令列表中找到"记录单"项，并添加到快速访问工具栏，即可在快速访问工具栏中找到记录单按钮了。

图 5-16　"记录单"对话框

5.5.2　数据排序

根据单元格中的数据类型，将其按照一定的方式进行重新排列，可以很方便地对数据进行管理。排序就是指对数据清单中的一列或多列数据按升序或降序排列。

Excel 2010 的数据排序包括简单快速排序、多条件排序、自定义排序 3 种方式。

简单快速排序是选中需要排序所在列中的任意单元格，注意不要选择整列数据，单击"数据"选项卡，在"排序和筛选"选项组中单击"升序"按钮或"降序"按钮进行排序。

多条件排序、自定义排序都需要启动"排序"对话框来完成。"排序"对话框如图 5-17 所示。

图 5-17　"排序"对话框

单击"数据"选项卡，在"排序和筛选"选项组中单击"排序"按钮，即可打开"排序"对话框。

多条件排序是以多个字段作为关键字对数据清单进行排序。其排序的原理是：首先以主要关键字为依据对数据清单排序，当主要关键字的值相等时，则以次关键字为依据排序，依此类推。基本操作步骤是：①选择数据清单（单击数据清单内的任一单元格或全选该区域），在"排序和筛选"选项组中单击"排序"按钮；②在"排序"对话框中单击"添加条件"添加若干条件，然后再依次选择主要关键字和次要关键字，并对其排序依据和排序次序进行设置。Excel 2010 对关键字个数不限，但主关键字只有一个，次关键字也有顺序。

所谓自定义排序，特指在关键字的排序"次序"上选择已经在"Excel 选项"中定义好的序列或系统自建的系列，如星期序列等，作为排序的次序。在"排序"对话框中单击"次序"列表框右侧的下拉按钮，会弹出菜单，包括"升序"、"降序"、"自定义序列"选项，选择"自定义序列"项，并在随后弹出的"自定义序列"对话框中选择排序序列。

Excel 2010 默认以单元格的数值为依据排序，在"排序"对话框中单击"排序依据"列表框右侧的下拉按钮，会弹出包含有"数值"、"单元格颜色"、"字体颜色"、"单元格图标"的列表，用户也可以修改"排序依据"列表框，将单元格的格式（如颜色、字体等）作为排序依据。

5.5.3　数据筛选

使用 Excel 的数据筛选功能可以在工作表中有选择地显示满足条件的数据，对于不满足条件的数据，工作表会自动将其隐藏。

Excel 的数据筛选功能包括自动筛选、自定义筛选和高级筛选 3 种方式。其操作通过使用"数据"选项卡"排序与筛选"功能区中的"筛选"、"高级"等命令实现。

1. 自动筛选

自动筛选可以在包含大量记录的数据清单中快速查找符合某种条件的记录。自动筛选只能完成字段值为常量的筛选。自动筛选数据的具体操作步骤为：单击表格中含有数据的任意单元格，然后在"数据"选项卡中单击"筛选"按钮，此时在工作表的表头中每个列标题字段右侧都会出现一个下拉按钮，单击其中任一列标题右侧的下拉按钮，在其展开的下拉列表中勾选筛选条件的复选框，即可完成此条件的自动筛选。

2. 自定义筛选

如果筛选条件不是一个常量，而是一个或多个条件时，就采用自定义筛选数据。自定义筛选数据的具体操作步骤为：在数据清单中执行"筛选"命令后，单击需要设置条件的列标题右侧的下拉按钮，在其展开的下拉列表中单击"数字筛选"选项，在弹出的下级菜单中选择一种预设条件，如大于、小于、高于平均值等，或单击"自定义筛选"命令，弹出"自定义自动筛选"对话框，设置更为复杂的条件，从而得到更为精确的筛选结果。

3. 高级筛选

一般来说，自动筛选和自定义筛选都是不太复杂的筛选，如果要进行复杂的筛选，则要用高级筛选功能，高级筛选要求在工作表中无数据的地方指定一个区域来存放筛选条件，这个区域就是条件区域。

高级筛选的具体方法如下：

（1）设置条件区域。根据需要在数据清单标题行的上方新插入一些空白行，与数据清单标题行至少隔开一行，按要求在某一区域输入筛选条件，作为条件区域。

（2）启动高级筛选。单击表格数据清单中的任意单元格，然后在"数据"选项卡的"排序与筛选"功能区中单击"高级"按钮，弹出"高级筛选"对话框，如图 5-18 所示。

图 5-18　"高级筛选"对话框

在其中系统已经自动将数据清单区域添加到了"列表区域"文本框中,单击"条件区域"文本框右侧的折叠按钮返回工作表中,选择设置的条件区域,单击"确定"按钮返回即可实现高级筛选。

4. 筛选还原

数据经过筛选后,只显示满足条件的记录。若需要还原经过自动筛选或自定义筛选后的数据,可以在"数据"选项卡的"排序和筛选"选项组中单击"筛选"按钮;如果要还原经过高级筛选后的数据,则单击"排序和筛选"选项组中的"清除"按钮。

5.5.4　分类汇总统计

分类汇总可以快速地汇总各项数据,是对数据清单中的数据进行管理的重要工具。

在创建分类汇总之前需要先对分类汇总的数据进行排序,即将同类的数据排列在一起,以方便进行分类汇总。

1. 创建分类汇总

创建分类汇总的具体方法如下:

(1)排序表格。

按照前面介绍的排序方法,选择分类汇总的"类别"字段对数据清单进行排序,将同类的数据排列在一起。

(2)汇总数据。

单击表格中数据清单的任意单元格,然后在"数据"选项卡的"分级显示"工具组中单击"分类汇总"按钮,弹出"分类汇总"对话框,如图 5-19 所示。

图 5-19　"分类汇总"对话框

在"分类字段"下拉列表框中选择分类的"类别"字段,分类字段一定是排序时的关键字段;从"汇总方式"下拉列表框中选择汇总的方式是"求和",还可以是其他需要的方式;从"选定汇总项"列表框中勾选汇总数值列标题前的复选框,指定汇总的一个字段或多个字段。根据需要完成汇总设置后,单击"确定"按钮返回工作表。

2. 分级显示

对数据清单进行分类汇总后,Excel 会自动按汇总时的分类对数据清单进行分级显示,并且在数据清单的行号左侧会出现一些层次分级显示"-"按钮和"+"按钮,工作表左侧上端也出现 1、2、3 的层级按钮。单击这些按钮,可以分级显示汇总结果。

3．删除分类汇总

用户在查看完分类汇总的情况后，如果不需要再将这些数据以分类汇总的形式显示出来，则可以删除分类汇总，方法是在打开的"分类汇总"对话框中单击"全部删除"按钮。

5.5.5　数据透视表

Excel 2010 提供了一种简单、形象、实用的数据分析工具——数据透视表，数据透视表是一种对大量数据进行快速汇总和建立交叉列表的交互式表格，它不仅可以转换行和列以显示源数据的不同汇总结果，也可以显示不同页面以筛选数据，还可以根据用户的需要显示数据区域中的细节数据。使用数据透视表可以全面地对数据清单进行重新组织和统计数据。

1．数据透视表的创建

数据透视表创建的基本步骤如下：

（1）选中要创建数据透视表的工作表（即数据清单所在的工作表），在"插入"选项卡的"表"工具组中单击"数据透视表"按钮，从展开的下拉列表中选择"数据透视表"选项，弹出"创建数据透视表"对话框，如图 5-20 所示。

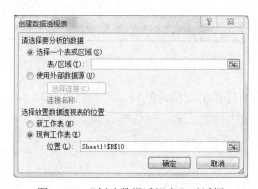

图 5-20　"创建数据透视表"对话框

（2）单击"表/区域"文本框右侧的折叠按钮，返回工作表中选择数据清单单元格区域，再次单击折叠按钮返回对话框，然后在"选择放置数据透视表的位置"选项组中单击"新工作表"单选按钮。如果选中的是"现有工作表"单选按钮，那么所创建的数据透视表将显示在当前工作表中所指定的位置上。

（3）单击"确定"按钮，系统新建一个工作表，并在工作表中创建了数据透视表的模板，并且在右侧自动弹出"数据透视表字段列表"任务窗格。同时在标签栏激活"数据透视表工具选项"标签和"数据透视表工具设计"标签，如图 5-21 所示。

在"数据透视表字段列表"任务窗格的"选择要添加到报表的字段"列后的表框中勾选字段的复选框，此时勾选的字段将自动添加到下方的各区域中。也可以选中字段后直接用鼠标拖曳到模板上。

添加完字段，就得到了数据透视表。

2．编辑数据透视表

数据透视表最大的特点是交互性，创建一个数据透视表后可以重新排列数据信息，还可以根据需要将数据分组，根据想要的方式分析数据。

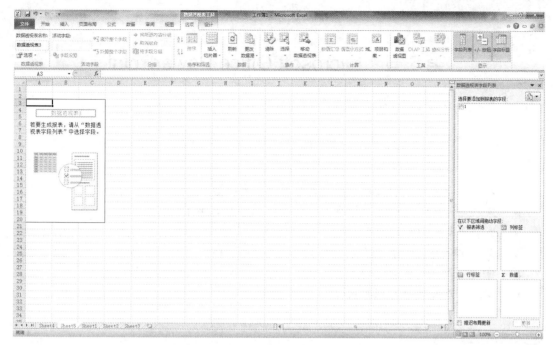

图 5-21　"数据透视表工具"标签

可以充分利用"数据透视表字段列表"任务窗格、"数据透视表工具选项"标签功能区命令和"数据透视表工具设计"标签功能区命令进行更改字段布局、显示字段、调整和隐藏字段、更改汇总项的汇总方式、字段显示方式和数字格式等编辑操作。

第6章 Microsoft Office PowerPoint

- 理解演示文稿、幻灯片、对象、视图等基本概念。
- 掌握演示文稿的创建、保存、打印和打包等基本操作。
- 掌握幻灯片编排的基本操作。
- 掌握占位符、文字、多媒体对象的插入、静态格式设置、动画效果等动态格式设置。
- 掌握幻灯片总体设计的方法（母版、模板、版式和幻灯片背景设置）。
- 掌握幻灯片放映控制的操作。

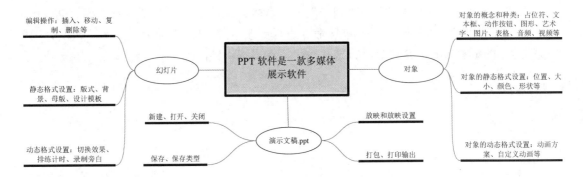

PowerPoint 2010 是 Microsoft 公司推出的集文字、图像、图表、声音、视频于一体的多媒体演示文稿创作软件。在现代生活和企业活动中，当人们需要向别人介绍一个计划、一个方案或作报告、演讲时，越来越多的人选择了计算机演示这一途径。PowerPoint 能制作出集文字、图形、图像、声音、视频等多媒体元素于一体的演示文稿，可以图文并茂地表达用户的想法。

6.1 PowerPoint 2010 工作环境

PowerPoint 2010 同 Office 2010 的其他组件如 Word 2010、Excel 2010 一样，采用了直观的、面向结果的 Ribbon 用户界面，同时使用了 Microsoft Office Backstage 视图，用于对文档执行操作的命令集在 Backstage 视图中。

6.1.1 PowerPoint 2010 启动与工作界面

与其他任何 Microsoft Office 软件一样，启动和退出 PowerPoint 2010 有多种方法，如通过开始菜单或快捷菜单启动 PowerPoint 应用程序、在文件 Backstage 视图中单击"退出"命令退出 PowerPoint 应用程序等。

启动 PowerPoint 应用程序，通常采用开始菜单启动方式：选择"开始"→"所有程序"，Microsoft Office→Microsoft Office PowerPoint 2010。启动成功后，呈现的 PowerPoint 2010 工作界面如图 6-1 所示。

图 6-1　PowerPoint 2010 工作界面

PowerPoint 2010 窗口的组成与 Office 2010 的其他组件窗口的组成非常相似，由功能区、快速访问工具栏、Office 按钮、幻灯片编辑区、状态栏等组成。

下面说明 PowerPoint 窗口不同于 Word、Excel 的各组成部分。

（1）幻灯片/大纲浏览窗格。"幻灯片"标签下显示幻灯片缩略图，"大纲"标签下显示幻灯片文本大纲。

（2）幻灯片编辑区。显示当前幻灯片，用户可以在该窗格中对幻灯片内容进行编辑。

（3）备注窗格。可用于添加与幻灯片内容相关的注释，供演讲者放映演示文稿时参考使用。

（4）状态栏。左侧用于显示演示文稿的页数、字数、当前语言等信息，右侧可以查看和调整演示文稿的视图和显示比例。

（5）视图按钮。单击需要显示的视图类型按钮即可切换到相应的视图方式下对幻灯片进行查看，包括"普通视图"按钮囗、"幻灯片浏览"按钮品、"阅读视图"按钮囻、"幻灯片放映"按钮豆。

（6）显示比例调整区84% ⊖━━━▯━━━⊕。用于设置幻灯片编辑区工作区域的显示比例，通过拖动滑块进行方便快捷的调整。

（7）使幻灯片适应当前窗口囗。单击该按钮可调整窗口中的幻灯片大小与窗口大小相适应，达到最佳的效果。

6.1.2　常用视图方式

PowerPoint 为用户提供了多种不同的视图方式，包括普通视图、幻灯片浏览视图、备注页视图和幻灯片放映视图（包括演示者视图）、阅读视图、母版视图（幻灯片母版、讲义母版和备注母版），用于编辑、打印和放映演示文稿。每种视图都将用户的处理焦点集中在演示文稿的某个要素上。

可在两个位置找到 PowerPoint 视图：①"视图"选项卡的"演示文稿视图"组和"母版视图"组中；②PowerPoint 窗口底部状态栏中提供了在普通视图、幻灯片浏览视图、阅读视图和幻灯片放映视图之间快速切换的按钮。

1．普通视图

启动 PowerPoint 创建一个新演示文稿时，默认直接进入到普通视图中。普通视图是主要的编辑视图，可以在其中输入、编辑和格式化文字，管理幻灯片及输入备注信息等，用于撰写和设计演示文稿。

普通视图是一种三合一的视图方式，它包括 3 个窗格：幻灯片/大纲浏览窗格、幻灯片窗格（幻灯片编辑区）和备注窗格，拖动窗格之间的边框可以调整窗格的大小。

（1）"幻灯片/大纲浏览"窗格。

可以完成组织管理幻灯片和输入演示文稿中的文本内容等操作。"大纲"选项卡以大纲形式显示幻灯片文本。"幻灯片"选项卡以缩略图观看幻灯片。使用缩略图能方便地遍历演示文稿，并观看任何设计更改的效果。在这里还可以轻松地重新排列、添加或删除幻灯片。

（2）"幻灯片"窗格。

在 PowerPoint 窗口的右上方，"幻灯片"窗格显示当前幻灯片的大视图。在此视图中显示当前幻灯片时，可以添加文本，插入图片、表格、SmartArt 图形、图表、图形对象、文本框、电影、声音、超链接和动画，是编辑幻灯片的主要工作区。

（3）"备注"窗格。

在"幻灯片"窗格的"备注"窗格中，可以键入要应用于当前幻灯片的备注。以后可以将备注打印出来并在放映演示文稿时进行参考，还可以将打印好的备注分发给受众，或者将备注包括在发送给受众或发布在网页上的演示文稿中。

2．幻灯片浏览视图

在"视图"选项卡的"演示文稿视图"工具组中单击"幻灯片浏览"选项，或单击状态栏中的"幻灯片浏览"按钮，即可快速切换到"幻灯片浏览"视图模式下。

在幻灯片浏览视图方式下，窗口能显示出整个演示文稿中完整的文本和图片，可以方便用户观看整个演示文稿的布局和顺序，可以轻松地对演示文稿的顺序进行排列和组织。在这种视图方式下，不能改变单个幻灯片的内容，但可以删除、复制幻灯片和重新调整幻灯片的次序。

在幻灯片浏览视图中，还可以添加节，并按不同的类别或节对幻灯片进行排序。

3．备注页视图

在"视图"选项卡的"演示文稿视图"工具组中单击"备注页"选项，即可快速切换到"备注页"视图模式下。"备注页"视图以整页格式查看、编辑和使用备注。在备注页视图中，可以观察到在幻灯片图像的下方带有备注页文本框，可以用来查看、编辑和添加与每张幻灯片的内容相关的备注。

4. 幻灯片放映视图

在"视图"选项卡的"演示文稿视图"工具组中单击"幻灯片放映"选项，或者单击状态栏中的"幻灯片放映"按钮，即可切换至幻灯片放映视图。

幻灯片放映视图将像播放真实的 35 mm 幻灯片的方式一样，按照预定义的方式一幅一幅动态地显示演示文稿，可以观看到添加在演示文稿中的任何动画和声音效果等。幻灯片将占据整个计算机屏幕，和实际的演示一样，此时所看到的图形、计时、电影、动画效果和切换效果就是演示文稿放映时观众会看到的效果。若要退出"幻灯片放映视图"模式，可按 Esc 键。

5. 阅读视图

阅读视图类似于幻灯片放映视图，是本机审阅幻灯片放映效果的一种视图模式。使用阅读视图，幻灯片将在桌面上的一个窗口中放映，而不是全屏放映。如果要更改演示文稿，可随时单击窗口右下角的视图按钮，将会从阅读视图切换至某个其他视图。

6. 母版视图

在"视图"选项卡的"母版视图"工具组中还有"幻灯片母版"、"备注母版"、"讲义母版" 3 个视图选项，用于设置演示文稿预设格式、统一外观、统一风格等操作的工作环境。

母版实际上就是一个特殊的演示文稿。它们是存储有关演示文稿信息的主要幻灯片，其中包括背景、颜色、字体、效果、占位符大小和位置。使用母版视图的一个主要优点是，在幻灯片母版、备注母版或讲义母版上，可以对与演示文稿关联的每个幻灯片、备注页或讲义的样式进行全局更改。

7. 其他视图

在演示文稿的操作中，还有一些视图模式，例如"演示者视图"（在有多台显示器放映幻灯片时，打开多监视器支持），可在演示期间，一台显示器运行其他程序并查看演示者备注，而另一个显示器正常放映。"演示者视图"在"幻灯片放映"标签下的"监视器"工具组中勾选。再如，文件 Backstage 视图"打印"选项下的打印预览视图。

6.1.3　PowerPoint 中的几个基本概念

1. 演示文稿

PowerPoint 编辑的每一个文件都叫一个演示文稿。在 PowerPoint 2010 中默认演示文稿的文件扩展名为.pptx。有关文稿的基本操作有新建、打开、关闭、另存为、保存并发送、打包、打印、文稿保护、根据演示文稿创建视频等。所有有关演示文稿的操作命令都集中在文件 Backstage 视图中。

在 PowerPoint 2010 中，可以创建保存.pptx 演示文稿文件、.pptm 启用了宏的演示文稿文件、.potx 演示文稿模板文件、.potm 启用了宏的演示文稿模板文件、.ppsx 管理加载项演示文稿文件、.ppsm 启用了宏的放映演示文稿文件等，也可以将演示文稿文件保存为 PowerPoint 97-2003 格式的演示文稿，在低版本的 Office 中使用。

2. 幻灯片

幻灯片是 PowerPoint 最基本的展示单位，是演示文稿构成的基本元素。一个完整的演示文稿是由一张张幻灯片组合而成的，而幻灯片用于承载文本、图片、表格、图表等对象，是演示文稿的承载者。演示文稿创建时，会自动创建一张幻灯片。一个演示文稿文件至少包含一张幻灯片，也可以由许多张幻灯片组成。

对幻灯片可设置背景等格式，在幻灯片上可添加文字、图片、声音、视频等元素。幻灯片的基本操作有插入、删除、复制、改变次序等。

3. 对象

幻灯片上所承载的所有内容都是对象，如占位符、文本框、表格、艺术字、图形、图片、图表、视频、声音、按钮等，一般一张幻灯片上至少要有一个对象。

对象是 PowerPoint 最小的创意单位，是构成幻灯片丰富内容的组成元素。对象一方面存在大小、位置、色彩等静态格式；另一方面，为了展示的效果，它还有出现次序、动画效果等动态格式。在 PowerPoint 中，可以设置对象的静态格式，也可以设置对象的动画效果，使其放映展示得更富有创意、更生动。

（1）占位符对象。

在新建的幻灯片上，除非选择了"空白"版式，我们常可以看到若干个虚线方框，每个方框提示输入相应内容（如文字、图表、图片、表格、SmartArt 图形、声音和影片等），一旦内容输入就有了相应的格式和位置。这些虚线方框就是占位符。占位符只有格式和位置信息，并没有实际的内容。

（2）文字对象。

幻灯片上文字的存在方式与 Word 中的文字不同，只能以文本框、艺术字、图形附加等对象形式存在。在文本框中的文字对象，如在 Word 中一样可以进行格式编排。将文本添加到幻灯片上，最简单的方式是插入文本框或直接将文本键入幻灯片的文本占位符中。

（3）图形图像对象。

指各种位图和矢量图，如数码照片、剪贴画、绘制图形，其静态格式，如位置、大小、剪裁等的处理与 Word 对图形图像对象的处理操作完全一致。

（4）影片和声音对象。

幻灯片上可以集成视频和声音文件对象。在演示文稿中可以设置这些文件的播放方式，即多媒体效果。

（5）其他对象。

幻灯片上可以集成很多类型的对象来增强展示效果，如数据图表、公式、图表、表格、SmartArt 图形等，在演示文稿中也可以设置这些对象的播放方式、动画效果等。

6.2　PowerPoint 2010 的基本操作

6.2.1　演示文稿的创建与保存

1. 创建演示文稿

新建演示文稿的方法有多种，如：①启动 PowerPoint 2010 自动创建；②单击"文件"按钮，在 Backstage 视图中选择"新建"选项；③右击桌面并在快捷菜单中选择"新建 Microsoft Office PowerPoint 2010 演示文稿"选项等。

启动 PowerPoint 2010 后，系统会自动创建一个名为"演示文稿 1.pptx"的空白演示文稿。可以直接在此演示文稿上开始幻灯片编辑工作，也可以单击"文件"按钮，在 Backstage 视图中选择"新建"选项，使用模板样式创建新的演示文稿。

在文件 Backstage 视图中选择"新建"选项，在"新建"视图下可选择适合需求的本机可用的"模板和主题"类型或联机 Office.com 模板。选择后，单击"创建"（本机模板主题）或

"下载"（联机模板）即可开始创建一个新的演示文稿。

2．演示文稿文件的保存与打开、关闭

演示文稿文件的保存与打开、关闭的方式与其他 Office 应用程序的方法相同。

首次保存演示文稿文件或换名保存时，可打开"另存为"对话框，在其中确定保存的位置、文件名、类型等。

在文件 Backstage 视图中选择"保存并发送"选项，在其视图下提供了丰富的文稿处置方案，如：①通过电子邮件以附件、链接、PDF 文件、XPS 文件或 Internet 传真的形式将 Microsoft PowerPoint 2010 演示文稿发送给其他人；②将演示文稿另存为 Windows Media 视频（.wmv）文件，这样可以确信自己演示文稿中的动画、旁白和多媒体内容可以顺畅播放，分发时可更加放心。

还可以在"PowerPoint 选项"中设置演示文稿文件自动保存的时间和路径。

6.2.2　新建、复制和移动幻灯片

1．新建幻灯片

可以通过以下两种方法为演示文稿添加新的幻灯片：

（1）单击"开始"选项卡中的"新建幻灯片"命令，通过版式新建幻灯片。

首先选中要新建幻灯片的位置，在 PowerPoint 2010 的"开始"选项卡中单击"幻灯片"组中的"新建幻灯片"文字按钮，在弹出的下拉列表中选择相应的版式（14 种），即可新建相应版式的幻灯片。单击"幻灯片"组中的"新建幻灯片"图形按钮，以当前幻灯片版式在当前幻灯片后新建一张幻灯片。

（2）在普通视图下的"幻灯片/大纲"窗格中快捷创建幻灯片。

日常工作中应用最多的创建幻灯片的方法是：在普通视图下的"幻灯片/大纲"窗格的"幻灯片"选项卡的空白处右击，或是选中幻灯片并右击，在弹出的快捷菜单中选择"新建幻灯片"命令，即在当前位置后新建一张新的幻灯片。或者是选中一张幻灯片，按 Enter 键，也可在当前选中幻灯片位置后新建一张新的幻灯片。

同样地，在"幻灯片/大纲"窗格的"大纲"选项卡中也可以新建幻灯片。可以使用快捷菜单中的"升级"、"降级"命令调整大纲的级别来新建幻灯片，也可以使用在"幻灯片"选项卡中的相同方法创建新幻灯片。

2．复制、移动幻灯片

在演示文稿中添加幻灯片后，可以根据现有幻灯片版式或内容新建新的幻灯片，即复制幻灯片；也可以调整幻灯片的顺序，即移动幻灯片。在 PowerPoint 2010 的"幻灯片/大纲"窗格中，用户可以选中幻灯片并拖动调整幻灯片的顺序，即移动幻灯片的位置，或者按住 Ctrl 键拖动复制选中的幻灯片到新位置。

复制幻灯片就是将选中的幻灯片内容复制到新的位置，但原位置依旧保留原有内容。在"幻灯片/大纲"窗格中选中幻灯片并右击，在弹出的快捷菜单中选择"复制幻灯片"命令，即可在选中的幻灯片下方复制出相同的幻灯片，也可以按 Ctrl+D 组合键。同样地，在"开始"标签的"剪贴板"选项组中单击"复制"按钮右侧的下拉按钮，在弹出的菜单中选择"复制"命令，也可实现同样的幻灯片复制操作。

除此之外，用户还可以使用"剪贴板"组中的"复制"与"粘贴"命令实现，也可使用 Ctrl+C 和 Ctrl+V 组合键实现幻灯片的复制与粘贴。

在 PowerPoint 2010 的"幻灯片"窗格中，用户可以选中幻灯片并拖动调整幻灯片的顺序，即移动幻灯片的位置。除此之外，还可使用"剪贴板"组中的"剪切"与"粘贴"命令实现幻灯片在同一个演示文稿或不同演示文稿中的移动。同样，也可以使用 Ctrl+X 和 Ctrl+V 组合键实现。

3．删除幻灯片

在"幻灯片/大纲"窗格中选中要删除的幻灯片，直接按 Delete 或 Backspace 键即可。也可以用快捷菜单中的"删除幻灯片"命令或"开始"选项卡"幻灯片"工具组中的"剪切"命令删除当前幻灯片。

6.2.3　文本的输入与编排

文本是表现演示文稿的最基本元素，但不能直接在幻灯片上输入文字，文字的输入要借助于其他对象载体。一旦文字输入后，就可以采用类似于 Word 2010 的方法与步骤设置修改文本字体、颜色、段落等格式。

1．输入文本

可以向文本占位符（一种带有虚线边缘的框，绝大部分幻灯片版式中都有这种框。在这些框内可以放置标题、正文、图表、表格和图片等对象）、文本框（一种可移动、可调大小的文字或图形容器。使用文本框可以在一页上放置数个文字块，或使文字按与文档中其他文字的不同方向排列）和形状中添加文本。

向幻灯片中添加文本最简单的方式是使用占位符输入文本。在占位符中输入文本是 PowerPoint 2010 中最基本的操作，单击占位符中的提示文本即可激活占位符，然后输入需要的文本，还可以调整占位符的尺寸、更改占位符内文本的大小等。

使用"文本框"是在占位符之外的位置输入文本的重要方法。单击"插入"选项卡"文本"功能组中的"文本框"文字按钮，从弹出的下拉菜单中根据自己的需要选择"横排文本框"或"垂直文本框"选项，在幻灯片的适当位置绘制文本框，单击文本框内要添加文本的位置，即可输入文本，输入完成后单击文本框之外的任意位置即可。

文本框有横排和竖排两种。横排文本框也称为水平文本框，其中的文字按从左到右的顺序进行排列；竖排文本框也称为垂直文本框，其中的文字按从上到下的顺序进行排列。在幻灯片中可以使用文本框添加文本，还可以更改文本框的格式、设置文本的底纹效果等。

2．编辑文本

在幻灯片中添加文本后，在文本区域的任意位置单击，出现闪烁的光标插入点，按方向键可将插入点移动到要修改的位置，按 Backspace 键逐个删除插入点左侧的文本；按 Delete 键则可逐个删除插入点右侧的文本。还可以使用鼠标、键盘结合功能的区命令移动、复制和删除文本，查找与替换文本，或是在幻灯片中插入符号或特殊符号。

3．文本格式设置

美化演示文稿主要包括对文字的美化和对段落格式的设置。文本格式的设置，首先选中要设置的文本，再选择"开始"选项卡，在"字体"组中的"字体"和"字号"下拉列表中选择合适的字体和字号。另外也可以在"段落"组中对文本的段落格式进行设置。

文本格式设置有 3 种常用方法：①通过"开始"选项卡中的"字体"、"段落"组进行设置；②单击"字体"或"段落"选项组右下角的对话框启动器启动"字体"对话框或"段落"对话框，在其中进行设置；③通过浮动工具栏进行快速设置。选中文本后右击或向选中文本右上方滑动鼠标指针，即可出现浮动工具栏。浮动工具栏实际上就是与此对象相关的操作命令的集合，类似于选项区的工具组。

6.2.4　对象的插入

如果一个演示文稿中只有文字的罗列，会让人觉得平淡乏味。而在幻灯片中添加一些图形、图表、图片、表格、SmartArt 图形、声音和影片等元素，就会使演示文稿显得更为生动有趣和富有吸引力。在幻灯片中，插入这些对象的基本方法和步骤，以及插入之后对对象的格式设置、编辑调整、样式应用等操作，同在 Word 2010 中的处理几乎是一样的。

1.　插入对象

除了可以在占位符中输入文本外，还可以在占位符中添加表格、图表、SmartArt 图形、图片、声音和影片对象。在一些幻灯片版式中有一个内容占位符，如图 6-2 所示。

图 6-2　内容占位符

内容占位符中提供了表格、图表、SmartArt 图形、图片、剪贴画、媒体剪切对象对应的插入按钮，用户只需在内容占位符上选择需要的对象单击，按照系统的引导即可完成相应对象的插入。

2.　插入剪贴画

在"插入"选项卡中，单击"图像"组中的"剪贴画"按钮，打开"剪贴画"窗格，同在 Word 2010 中介绍的一样，选择需要的剪贴画并插入到当前幻灯片。插入剪贴画后，可以用激活的"图片工具格式"选项卡中的工具对剪贴画进行编辑处理。

剪贴画是一种极好的图像素材，在 Office 系列软件中自带有很多剪贴画。与其他格式的图片相比，剪贴画具有其独特优势，即占用空间小、色彩鲜艳、线条流畅且可塑性强，可以对其进行任意组合，缩放不会失真，且便于图文混排和制版印刷。

3.　插入图片

图片是指存放在文件夹中的位图、矢量图等。在幻灯片中添加图片的方法有很多种，可以通过"插入图片"对话框直接查找需要的图片，还可以将指定图片添加到剪辑管理器中，使用剪辑管理器插入图片。

在"插入"选项卡中，单击"图像"组中的"图片"按钮，在弹出的"插入图片"对话框中选中要插入的一个或多个图片文件，单击"插入"按钮即可在当前幻灯片中插入所选图片。同时，激活"图片工具格式"选项卡，可对插入的图片文件进行格式编排、应用图片样式等操作。

4.　插入艺术字

在 PowerPoint 2010 中插入艺术字有两种方式：一种是直接在幻灯片中添加艺术字，另一种是将现有文字转换为艺术字。

（1）在"插入"选项卡中，单击"文本"组中的"艺术字"按钮，在弹出的下拉列表中选择需要的艺术字样式，在幻灯片的中央位置显示添加艺术字的文本框（该艺术字文本框中的提示文本应用选定的艺术字样式），并同时激活"绘图工具格式"选项卡。单击艺术字文本框，输入需要的文本并调整位置，或利用"绘图工具格式"选项卡的工具对艺术字重新进行格式设置。

（2）在当前幻灯片中选中需要转换为艺术字的文本，单击"绘图工具格式"选项卡"艺术字样式"组中的一种样式，即可将文本转换为该种样式的艺术字。

如果要删除艺术字的样式而保留原文本字样，也可以选中艺术字，在"绘图工具格式"选项卡中单击"艺术字样式"组样式列表下拉按钮，在展开的下拉列表中选择"清除艺术字"命令。若要删除艺术字样式和艺术字文本，可以在选中艺术字的情况下按 Delete 键。

5．插入图形

在"插入"选项卡中，单击"插图"组中的"形状"按钮，弹出的下拉列表中显示了 9 类形状选项，选择需要绘制的形状，将鼠标指针移动到幻灯片编辑区，按住鼠标左键拖出一个长方形方框，确定自选图形的大小，然后就可以对其进行编辑和利用激活的"绘图工具格式"进行格式设置了。

PowerPoint 2010 中包含的形状种类有线条、矩形、基本形状、箭头总汇、公式形状、流程图、星与旗帜、标注和动作按钮共 9 个分类，动作按钮形状常用于交互式演示文稿的建立。用户可选择需要的类型，然后在幻灯片中绘制，绘制完毕后再对形状的大小和位置进行调整，使其符合实际要求，并套用 PowerPoint 2010 默认的样式进行美化。

6．SmartArt 图形

SmartArt 图形是信息和观点的视觉表示形式。可以通过从多种不同布局中进行选择来创建 SmartArt 图形，从而快速、轻松、有效地传达信息。SmartArt 图形工具有 80 余套图形模板，利用这些图形模板可以设计出各式各样的专业图形，并且能够快速地为幻灯片的特定对象或所有对象设置多种动画效果，而且能够即时预览。

创建 SmartArt 图形时，系统会提示选择一种类型，如"流程"、"层次结构"或"关系"。类型类似于 SmartArt 图形的类别，并且每种类型包含几种不同的布局。

在"插入"选项卡的"插图"工具组中单击 SmartArt 按钮，在"选择 SmartArt 图形"对话框中单击所需的类型和布局。在幻灯片中插入 SmartArt 图形的同时激活了"SmartArt 工具设计"和"SmartArt 工具格式"两个选项卡。

接下来就需要向 SmartArt 图形的每个形状中输入文本（单击"文本"窗格中的"文本"，然后键入文本；或者从其他位置或程序中复制文本，单击"文本"窗格中的"文本"，然后粘贴文本）。为了更加美观，还可以设置字体格式、套用艺术字样式等。也可以在 SmartArt 图形上添加、删除形状等。

对于创建完毕的 SmartArt 图形，为了使其与幻灯片甚至整个演示文稿的风格更加贴近，需要选择样式和配色方案，用户可以直接套用预设的 SmartArt 样式、布局和配色方案等，也可以手动设置单个形状的样式和颜色。相应的操作都能在"SmartArt 工具设计"和"SmartArt 工具格式"两个选项卡中完成。

7．插入表格

表格是由单元格组成的，在每一个单元格中都可以输入文字或数据。在 PowerPoint 2010 中创建表格的方法有多种，如使用内容占位符中的"插入表格"按钮创建表格。

插入表格的基本操作是在"插入"选项卡中进行的。单击"插入"选项卡"表格"组中的"表格"按钮，在弹出的列表中给出了创建表格的路径，与在 Word 2010 中介绍的一样。可以使用对话框创建表格，可以拖曳创建表格，可以人工绘制表格。随着表格的插入，系统会自动激活"表格工具设计"和"表格工具布局"选项卡，可以像在 Word 2010 中一样对表格进行相关处理。

在"表格"列表中选择"Excel 电子表格"命令可以直接插入 Excel 表格，计算和分析数据，提高工作效率。

在 PowerPoint 2010 中还可以插入来自 Word 的表格。在"插入"选项卡中单击"文本"组中的"对象"按钮，在弹出的"插入对象"对话框中选中"由文件创建"单选按钮，然后单击"浏览"按钮，在弹出的"浏览"对话框中选择需要插入 PowerPoint 中的 Word 表格文档并双击，即可插入。

插入 Excel 电子表格、Word 表格后，会激活"绘图工具格式"选项卡，对其在幻灯片中的格式进行设置。

8. 插入图表

除了可以在内容占位符中添加图表，在"插入"选项卡中单击"插图"组中的"图表"按钮也可以在当前幻灯片中插入图表。

单击"插入图表"按钮，在弹出的"插入图表"对话框中选择需要的图表类型选项后返回，此时幻灯片中创建该类型图表，并自动弹出 Excel 工作簿，显示出默认的数据表。数据表使用的是默认数据，需要重新修改，既可以直接在该数据表中输入数据，也可以将其他程序中的数据粘贴到此数据表中。

随着图表的插入，系统会自动激活"图表工具设计"、"图表工具布局"、"图表工具格式"选项卡，可以如同在 Excel 2010 中一样对图表进行相关处理。

9. 插入影音对象

在"插入"选项卡中有一个"媒体"工具组，包含两个工具选项："视频"和"音频"，在制作多媒体幻灯片时将经常使用。

PowerPoint 2010 提供了一个功能强大的剪辑管理器，其中包含了图片、声音、视频和其他媒体文件。插入影音对象的一种主要方式就是从剪辑管理器插入。插入剪辑管理器中的声音、影片，会弹出"剪贴画"任务窗格，其中列出了剪辑管理器中的声音或影片文件，选中需要插入的文件，单击其右侧的三角按钮，从弹出的下拉列表中选择"插入"选项，或者直接在选中的文件上双击，即可插入到当前幻灯片中。

插入保存在计算机中的视频、音频文件时，都会打开一个类似于保存或打开文件的插入对话框。在"插入"对话框中，从"查找范围"下拉列表中选择需要插入的影音对象文件的保存路径，在文件列表中选择需要插入的对象文件，单击"确定"按钮。

计算机中安装的媒体播放器决定了可以在幻灯片中插入的视频、音频文件格式，通常支持的视频文件格式有：.swf、.asf、.avi、.mpg、.mpeg、.wmv 等十几种，只支持.gif 动画文件；支持的音频文件格式有：.aif、.aifc、.au、.snd、.mid、.midi、.mp3、CD 乐曲等。

当插入了视频、音频后，会激活相应的"视频工具播放"、"视频工具格式"选项卡和"音频工具播放"、"音频工具格式"选项卡。在"播放"选项卡中可对视频、音频进行剪裁、添加书签、设置播放方式等操作。

6.2.5　版式和布局

1．版式

在 PowerPoint 中打开空白演示文稿时，将显示名为"标题幻灯片"的默认版式。版式本身只定义了幻灯片上要显示内容的位置和格式设置信息，可以使用版式排列幻灯片上的对象和文字。

在 PowerPoint 2010 中可以很方便地应用 11 种内置的标准版式，方法是：在普通视图下，单击"大纲/幻灯片"窗格中的"幻灯片"选项卡，在窗格中单击要应用版式的幻灯片，然后在"开始"选项卡的"幻灯片"组中单击"版式"选项，然后选择一种版式应用到当前幻灯片，即可应用新版式。

2．对象排列布局

在幻灯片中插入对象后，为使其更加美观，需要对各对象进行布局，使它们放到恰当的位置。

可以用"开始"选项卡中"绘图"工具组中的"排列"命令来完成对象布局；或者选中对象后，在激活的"格式"选项卡中选择"排列"工具组中的命令选项来完成对象布局操作。

对象布局的具体操作可能涉及多个对象，需要按住 Shift 键并单击各对象选中。选中后，按设计要求调用"排列"的相关命令项，如对齐、上移、旋转等调整选中对象布局。

6.2.6　主题与背景

设置主题和背景的命令分布在"设计"选项卡中，由"主题"工具组和"背景"工具中的组中的若干命令选项组成。

1．应用内置主题

所谓主题就是应用到整个演示文稿的颜色、字体、效果和背景的组合。主题是由主题颜色、主题字体和主题效果三者组合而成的，幻灯片的版式和背景甚至可以通过不同的主题进行不同的设置。通过应用主题，可以快速而轻松地设置整个演示文稿幻灯片的格式。

单击"设计"选项卡"主题"组中需要的主题，也可单击主题右侧的"其他"按钮查看所有的可用主题，包括展开所有的内置主题。单击其中一个内置主题，主题颜色、主题字体和主题效果将应用于演示文稿中所有的幻灯片对象，包括文本和数据。

另外，还可以在"主题"工具组中自定义主题颜色、主题字体、主题效果等，也可以将当前文稿主题保存下来，应用于其他文稿。主题文件就是在主题库中看到的内容，是独立的文件，文件扩展名为.thmx。

无论设置与否，每个演示文稿内部都包含一个主题。

2．背景

背景样式是 Office PowerPoint 独有的样式。背景样式，基于浅色总是在深色上清晰可见，而深色也总是在浅色上清晰可见，进行深色文本、浅色文本及背景颜色的最佳效果组合。

在"设计"选项卡中，单击"背景"组中的"背景样式"按钮，在弹出的"背景样式"下拉列表中选择一种背景样式，即可改变演示文稿的背景。

6.3　超链接与幻灯片切换效果

6.3.1　超链接

在演示文稿中可以为幻灯片中的各种对象（文本、图片、图形、形状或艺术字等）添加超链接。

超链接是一种非常实用的跳转方式，通过超链接可以从当前所在的演示文档转到其他的演示文档，或转到同一演示文档的不同幻灯片，或打开图片文件、文件对象、运行邮件系统或其他应用程序等。为幻灯片中的某一对象插入超链接的方法有多种，但无论使用哪一种方法，前提条件是先选中该对象才能为其制作超链接。

1. 插入超链接

在幻灯片中选择要添加链接的对象，单击"插入"选项卡中的"超链接"按钮，或者右击，在弹出的快捷菜单里选择"超链接"，弹出"插入超链接"对话框，如图 6-3 所示。

图 6-3　"插入超链接"对话框

在"链接到"列表框中有 4 个选项，用来确定是建立链接到同一演示文稿中的幻灯片的链接还是其他方式的链接。

（1）选择"现有文件或网页"选项。

可跳转到另一个演示文稿的指定页面进行放映。选择"现有文件或网页"选项后，在右侧的"查找范围"框中确定另一个演示文稿的存放路径，在列表中选中链接到的演示文稿文件图标，然后单击"书签"按钮，设置链接到的目标幻灯片。

（2）选择"本文档中的位置"选项。

链接到同一演示文稿中的幻灯片。选择"本文档中的位置"选项后，在"请选择文档中的位置"列表框中选择所要链接的目标幻灯片标题项，设置完成后单击"确定"按钮，添加了超链接的文本对象会自动加上下划线，并以主题超链接颜色显示。

（3）选择"新建文档"选项。

将当前选中对象链接到新建文档中。选择"新建文档"选项，在右侧的"新建文档名称"文本框中输入新建文档的名称，单击"更改"按钮，可以设置新建文档所在文件夹的名称，然后在"何时编辑"选项组中选择是否立即开始编辑文档。

（4）选择"电子邮件地址"选项。

为文本或图形等对象插入电子邮件地址。选择"电子邮件地址"选项后，在右侧的"电子邮件地址"文本框中输入邮件的地址，在"主题"文本框中输入邮件的主题。

另外，在演示文稿中输入网址或电子邮件地址时，将自动生成超链接。

2. 编辑超链接

创建好超链接后，有时会需要重新设置链接的目标或者不再需要此超链接，这时就需要更改或删除超链接。

更改或删除超链接的方法是：选中要更改或删除超链接的对象，在"插入"选项卡中单击"链接"组中的"超链接"按钮，打开"编辑超链接"对话框；或右击对象，在弹出的快捷菜单中选择"编辑超链接"选项，打开"编辑超链接"对话框。选择"取消超链接"选项，可直接删除超链接。

6.3.2 幻灯片切换效果设置

幻灯片切换效果是在幻灯片放映视图中从一张幻灯片切换到下一张幻灯片时出现的类似动画的效果。可以控制每张幻灯片切换效果的速度，还可以添加声音、控制幻灯片的换片方式等。

在 Microsoft Office PowerPoint 2010 中包含很多不同类型的幻灯片切换效果，在"切换"选项卡的"切换到此幻灯片"组中列出了一系列的幻灯片预设切换效果（在列表右侧单击"其他"按钮 ▼，列出了预设的 33 种幻灯片切换效果）。注意，幻灯片切换效果是一系列预定义的动画，用户不能自定义幻灯片切换效果，但是可以采用预定义切换效果为演示文稿添加相同或不同的切换效果。

1. 设置幻灯片切换效果的操作步骤

（1）普通视图下，在包含"大纲"和"幻灯片"选项卡的窗格中单击"幻灯片"选项卡，选择要向其应用切换效果的幻灯片缩略图；

（2）在"切换"选项卡的"切换到此幻灯片"组中单击效果列表右侧的"其他"按钮 ▼，展开所有的幻灯片切换效果，单击要应用于该幻灯片的切换效果即可将其应用到所选的幻灯片。

（3）设置切换效果的计时。若要设置上一张幻灯片与当前幻灯片之间的切换效果的持续时间，可在"切换"选项卡"计时"组中的"持续时间"框中键入或选择所需要的速度。

（4）向幻灯片切换效果添加声音。在"切换"选项卡的"计时"组中单击"声音"选项旁的箭头，在弹出的声音列表中选择所需要的声音，然后单击"确定"按钮。

（5）设置幻灯片换片方式。如果在演示过程中手动前进到每张幻灯片，即在单击鼠标时切换幻灯片，在"切换"选项卡的"计时"组中选择"单击鼠标时"复选框。若要指定当前幻灯片在多长时间后自动切换到下一张幻灯片，在"切换"选项卡的"计时"组中勾选"设置自动换片时间"选项，并在其后的时间输入框中键入所需的秒数。

2. 切换效果应用范围

如果希望每一张幻灯片的切换效果都不同，可按照上述方法在整个演示文稿中为每张幻灯片设置不同的效果。否则，在设置完成后，也可以把当前幻灯片设置的切换效果应用于演示文稿的全部幻灯片上，只需在"切换"选项卡的"计时"组中单击"全部应用"即可。

6.4　动画效果

在 PowerPoint 2010 中，除了可以为幻灯片设置切换效果之外，还可以为幻灯片上的对象，如文本、图片、形状、表格、SmartArt 图形和其他对象制作动画效果，赋予它们进入、退出、大小或颜色变化甚至移动等视觉效果。即放映幻灯片时，幻灯片中的各个主要对象不是一次全部显示，而是按照某个规律以动画的方式逐个显示。

PowerPoint 2010 中有以下四种不同类型的动画效果：

- "进入"效果。例如，可以使对象逐渐淡入焦点、从边缘飞入幻灯片或跳入视图中。
- "退出"效果。这些效果包括使对象飞出幻灯片、从视图中消失或从幻灯片旋出。
- "强调"效果。这些效果的示例包括使对象缩小或放大、更改颜色或沿着其中心旋转。
- "动作路径"效果。使用这些效果可以使对象上下移动、左右移动或者沿着星形或圆形图案移动（与其他效果一起）。

可以将动画效果应用于个别幻灯片上的文本或对象，或者自定义幻灯片版式上的占位符。对于同一对象，可以单独使用任何一种动画，也可以将多种效果组合在一起。例如，可以对一行文本应用"飞入"进入效果及"放大/缩小"强调效果，使它在从左侧飞入的同时逐渐放大。

6.4.1　动画设置的基本操作步骤

向对象添加动画效果的基本操作步骤如下：

（1）在当前幻灯片上选中要制作成动画的对象，文本对象要选中文本框。

（2）在"动画"选项卡的"动画"组中单击动画效果列表右侧的"其他"按钮 ，然后单击选择所需要的动画效果。如果没有看到所需要的进入、退出、强调或动作路径动画效果，可以在弹出的列表中单击"更多进入效果"、"更多强调效果"、"更多退出效果"或"其他动作路径"项，打开相应的效果或路径对话框，找到需要的动画效果。在普通视图下，当选择"动画"选项卡或"动画"任务窗格时，当前幻灯片中已经应用了动画的项目对象会显示不可打印的编号标记，该标记显示在文本或对象旁边。

（3）若要对同一对象应用多个动画效果，在完成（1）、（2）两步之后，在"动画"选项卡的"高级动画"组中单击"添加动画"选项，在弹出的动画效果列表中选择所需要的动画效果。

（4）测试动画效果。在添加一个或多个动画效果后，可以验证它们是否起作用。验证工作可在"动画"选项卡的"预览"组中单击"预览"按钮 进行。

6.4.2　动画任务窗格

各个动画效果项目将按照其添加顺序显示在"动画窗格"任务窗格中。"动画窗格"任务窗格显示有关动画效果的重要信息，如效果的类型、多个动画效果之间的相对顺序、受影响对象的名称以及效果的持续时间。

在"动画"选项卡的"高级动画"组中单击"动画窗格"选项，在程序窗口右侧打开如图 6-4 所示的"动画窗格"任务窗格。

在"动画窗格"任务窗格中列表显示当前幻灯片上所有的动画设置。在列表中，"编号"表示动画效果的播放顺序，与幻灯片上显示的不可打印的编号标记相对应；"时间线"代表效果的持续时间；"图标"代表动画效果的类型（在本例中，它代表"退出"效果）；选择列表中的项目后会看到相应菜单图标（向下箭头），单击该图标即可显示相应菜单。

图 6-4　"动画窗格"任务窗格

通过"动画窗格"任务窗格、"动画"选项卡"计时"组中的命令可以完成动画项目顺序改变、删除动画项目、设置动画开始方式（单击开始、从上一项开始、从上一项之后开始）、设置动画持续时间或延迟时间等操作。

1. 动画重新排序

默认情况下，幻灯片中动画的播放顺序是按照用户设置对象的先后顺序进行排列的，用户可以随意调整幻灯片中多个设置了动画对象的动画播放顺序。

在"动画窗格"任务窗格中选择要重新排序的动画，然后在"动画"选项卡的"计时"组中选择"对动画重新排序"下的"向前移动"使动画在列表中的另一动画之前发生，或者选择"向后移动"使动画在列表中的另一动画之后发生。也可以在列表中对选中的对象按住鼠标左键直接拖曳移动位序。

2. 更多"效果选项"设置

在"动画窗格"任务窗格列表中选中一项动画项目，单击项目对象右侧的下拉按钮，在弹出的下拉列表中选择"效果选项"命令，打开此对象动画效果设置对话框，设置对象个性动画效果，比如设置声音对象，在演示文稿播放期间让其作为背景音乐等。如图 6-5 所示就是在"动画窗格"任务窗格中选中声音对象，单击其右侧的下拉按钮，在弹出的下拉列表中选择"效果选项"，弹出的"播放音频"效果选项设置框。

图 6-5　"播放音频"效果选项对话框

6.5　幻灯片的放映与打印

制作演示文稿的最终目的就是为了放映和输出。

6.5.1　播放演示文稿

1. 幻灯片放映方法

幻灯片的放映可以直接在本计算机屏幕上进行，也可以借助于一个与计算相连的投影仪，在一个大的屏幕上进行放映。在"幻灯片放映"选项卡的"开始放映幻灯片"组中单击"从头开始"按钮或者"从当前幻灯片开始"按钮，或是单击程序窗口右下角的"幻灯片放映"视图按钮，都可以启动幻灯片放映。

另外，按 F5 键可以从第一张幻灯片开始放映，按 Shift+F5 组合键可以从当前幻灯片开始放映。

当放映至演示文稿的最后一张幻灯片后，单击鼠标可以结束幻灯片放映。

在幻灯片放映过程中，如果需要快速退出幻灯片放映，要采用以下方法：单击幻灯片放映屏幕左下角的矩形控制按钮，在其下拉菜单中选择"结束放映"命令；或是直接在幻灯片放映屏幕中右击，在弹出的快捷菜单中选择"结束放映映"命令。或是按 Esc 键。

2. 放映方式选择

幻灯片的放映有 3 种方式可供选择：演讲者放映（全屏幕）、观众自行浏览（窗口）和在展台浏览（全屏幕）。3 种方式适合不同的放映场景，在放映前应对放映方式进行选择。

演讲者放映方式是最常见的一种放映方式，该方式是将演示文稿全屏幕放映，在这种方式下演讲者拥有完整的控制权：可以采用自动或手动方式进行放映，也可以暂停播放演示文稿，添加会议细节或即席反应，还可以在放映过程中录制旁白。

观众自行浏览方式适用于小规模演示，在这种方式下，演示文稿出现在一个小型窗口内，用户可以拖动垂直滚动条从一张幻灯片移动到另一张幻灯片。

在展台浏览方式适用于展览会场或会议。在这种方式下，演示文稿通常会自动放映，且大多数控制命令都不可用，以避免个人更改幻灯片放映，在每次放映完毕后会自动重新放映。

设置幻灯片放映类型的操作步骤为：在"幻灯片放映"选项卡中单击"设置"组中的"设置幻灯片放映"按钮，弹出"设置放映方式"对话框，如图 6-6 所示。

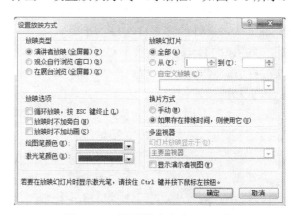

图 6-6　"设置放映方式"对话框

在"放映类型"区域中选中所需要的放映方式，并且可在其他项目中更改放映选项，如更改换片方式等。

6.5.2 打印输出演示文稿

Microsoft PowerPoint 2010 可以打印输出 4 种内容：幻灯片（整页幻灯片）、讲义（每页打印一张、两张、三张、四张、六张或九张幻灯片）、备注页（在一个打印页面上只能打印一张包含备注的幻灯片缩略图，在"备注页"视图中添加的图片和对象将会显示在所打印的备注页幻灯片缩略图下方）、大纲。

多数演示文稿均设计为以彩色模式显示，用丰富的内容表现演讲者的观点。但幻灯片和讲义等通常以黑白或灰色阴影（也称为灰度）模式打印。以灰度模式打印时，彩色图像将以介于黑色和白色之间的各种灰色色调打印出来。

单击"文件"按钮，在文件 Backstage 视图中选择"打印"选项，切换到演示文稿打印与打印预览视图，如图 6-7 所示。

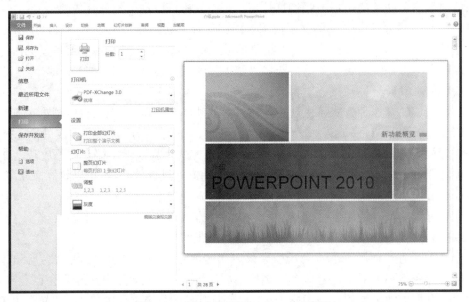

图 6-7   "打印"选项 Backstage 视图

与在 Word 和 Excel 中一样，PowerPoint 的"打印"选项视图也分成两个部分，默认打印机的属性自动显示在第一部分中，文件的预览自动显示在第二部分中。

在视图左边第一部分，可在"打印机"选项下对打印机属性进行设置；在"设置"选项下对演示文稿的打印范围、打印版式等进行设置；在"设置"选项下，根据设置项目在视图上从上至下出现的次序对其设置功能描述如下：

（1）单击"打印全部幻灯片"下拉列表框，在其中可以选择打印演示文稿的范围：整个演示文稿、所选幻灯片、当前幻灯片、自定义特定幻灯片。

（2）若在（1）中选择了"自定义范围"，将需要在"幻灯片"文本框中输入所要打印幻灯片的编号范围。输入时，使用无空格的逗号将各个编号隔开，例如 1,3,5-12。

（3）单击"整页幻灯片"下拉列表框，在其中设置打印版式：整页幻灯片、备注页、大纲、讲义（9 种讲义版式：每页一张、两张、三张；每页四张、六张或九张幻灯片横排；每页四张、六张或九张幻灯片竖排)。

(4)单击"单面打印"下拉列表框,在其中选择在纸张的单面还是双面打印。

(5)单击"调整"下拉列表框,在其中选择是否逐份打印幻灯片。"调整"即是逐份打印幻灯片。

(6)单击"灰度"下拉列表框,在其中选择"颜色"(此选项在彩色打印机上以彩色打印)、灰度(此选项打印的图像包含介于黑色和白色之间的各种灰色色调)、纯黑白(此选项通常设置打印不带灰填充色的讲义)。

(7)若要包括或更改页眉和页脚,单击"编辑页眉和页脚"链接,然后在弹出的"页眉和页脚"对话框中进行选择和设置。

所有打印设置的效果都即时在视图的第二部分中进行预览。所有设置完成,预览效果满意后,即可单击第一部分左上方的"打印"按钮 开始演示文稿的打印。

第 7 章　Internet 的应用

- 掌握 Internet Explorer 浏览器的使用。
- 掌握使用 Outlook Explorer 软件收发电子邮件。
- 了解搜索引擎的使用。

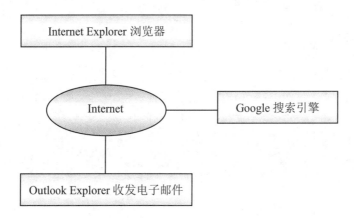

7.1　Internet Explorer（IE）浏览器的使用

7.1.1　用 IE 打开网页

万维网（也称为 Web、WWW、W3，英文全称为 World Wide Web）是一个由许多互相链接的超文本文档组成的系统，并通过互联网访问。在这个系统中，每个有用的事物称为"资源"，并且由"统一资源标识符"（URL）标识；这些资源通过超文本传输协议（Hypertext Transfer Protocol，HTTP）传送给使用者，而后者通过点击链接来获得资源。

1. WWW 简介

WWW 是 Internet 上发展最快且目前使用最广泛的服务，正是因为有了 WWW 才使得 Internet 迅速发展，而且用户数量飞速增长。

WWW 通常都按照客户机/服务器模式工作。WWW 通过 Internet 向用户提供基于超媒体的数据信息服务。它把各种类型的信息（文本、图像、声音和影视）有机地集成起来，供用户浏览和查阅。

一般，初次上网的用户可以选择一些大型的、具有代表性的门户网站，比如在国内有较大影响的新浪、搜狐等，用户可以从这些网站上比较全面地了解因特网的信息特点。

如图 7-1 所示是门户网站新浪网的首页，网站在网页的上部有导航栏，提供该网站主要内容的分类。如果网站的资源分类很多，那么就会另外在首页中提供栏目的分类项目。

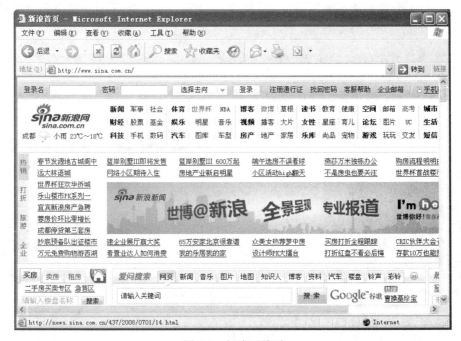

图 7-1　新浪网首页

2. 浏览网页

浏览器的基本使用步骤如下：

（1）启动浏览器。在 Windows 桌面或快速启动栏中单击图标🌐，启动应用程序 IE 6.0，IE 窗口如图 7-2 所示。

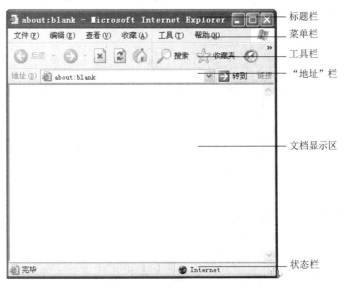

图 7-2　IE 窗口

（2）在"地址"栏中输入搜狐网的域名 http://www.sohu.com，然后按回车（Enter）键，浏览器即可显示所指定的网站内容。网站的域名就是我们通常所说的网站地址，简称网址。在实际应用中，打开某个网站时可以省略前面的 http://，因为 IE 的默认协议就是 http 协议。

例如，在"地址"栏中输入四川旅游学院主页的地址 http://www.shic.edu.cn，IE 浏览器将打开该学院的主页，如图 7-3 所示。

图 7-3　四川旅游学院主页

一般任何一个 WWW 服务器都有一个默认的 Web 页面，我们称之为该网站的主页。

（3）网页浏览。在 IE 打开的页面中，包含有指向其他页面的超链接。当将鼠标光标移动到具有超链接的文本或图像上时，鼠标指针会变为形，单击将打开该超链接所指向的网页。根据网页的超链接即可进行其他网页的浏览。

单击任意一条新闻的超链接就能打开这条新闻的页面，如图 7-4 所示。

移动鼠标指针到网站主页的"教学系部"上，此时鼠标指针变成形，教学系部的下拉菜单会显示出来，再将鼠标指针移动到"信息技术系"上并单击，链接至如图 7-5 所示的"信息技术系"页面。

7.1.2　IE 浏览器的基本操作

1. 收藏夹

如果在浏览网站的时候发现自己很喜欢的网站是否需要用笔抄下它的网址呢？这时我们可以使用 IE 浏览器的"收藏夹"功能。

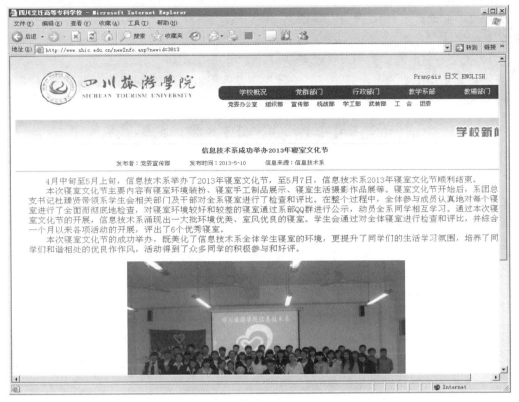

图 7-4　四川旅游学院新闻

图 7-5　四川旅游学院信息技术系主页

收藏夹可以把页面 URL 保留到硬盘上以便日后快速访问，我们可以利用收藏夹保留经常使用的站点地址。

（1）把某一页面添加到个人收藏夹中

当浏览到某个需要的页面后，在"收藏"菜单中单击"添加到收藏夹"选项，以默认的名称或键入新名称后单击"确定"按钮即可保存，如图 7-6 所示。

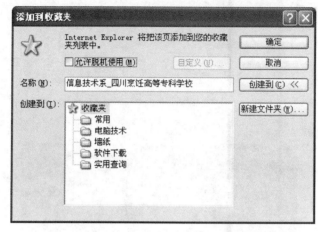

图 7-6   "添加到收藏夹"对话框

（2）把某一页存储到子文件夹中。

在"添加到收藏夹"对话框中单击"创建到"按钮，选择已有文件夹后单击"确定"按钮。如果要新建文件夹，则单击"新建文件夹"按钮。

2. 保存网页

在上网时有些网页的内容或图片想保存下来，可以用以下 3 种方法实现：

（1）复制文本。

可以只把当前页中的文字复制到文本文件中。

1）用鼠标拖动选择要复制的信息，被选中的部分将呈高亮反白显示。如果要复制整页的内容，请单击"编辑"→"全选"命令。

2）单击"编辑"→"复制"命令，把所选择的文字复制到 Windows 的剪贴板中。

3）在记事本中"粘贴"剪贴板中的信息。

说明：如果使用 Microsoft Word 2010 保存剪贴板中的信息将会同时保存文字和图片。

（2）保存内嵌图片。

1）右击要保留的图片，在弹出的快捷菜单中选择"图片另存为"选项。

2）在弹出的"保存图片"对话框中指定文件名和保存位置，然后单击"确定"按钮。

（3）保存 HTML。

HTML 格式是 Web 页经常使用的文件格式，使用这种格式保存可以再次用 IE 打开。在 IE 窗口中单击"文件"→"另存为"命令，如图 7-7 所示，指定要保存文件的名称和位置，如图 7-8 所示，单击"保存"按钮即可按选定的保存类型保存。一般保存类型设为"网页，全部（*.htm;*.html）"，这时 IE 除了保存一个 HTML 文件外，还会自动创建一个子文件夹，其中保存了该页面上的所有图片等非文字信息，也可以选择"文本文件（*.txt）"格式将网页保存为文本文件。

图 7-7　保存网页

图 7-8　选择保存格式

7.1.3 Internet 选项设置

1. 设置浏览器主页

单击"工具"→"Internet 选项"命令，弹出"Internet 选项"对话框。单击"常规"选项卡，在"主页"区域的"地址"文本框中输入一个 URL 地址（如 http://it.shic.edu.cn），单击"确定"按钮，如图 7-9 所示。

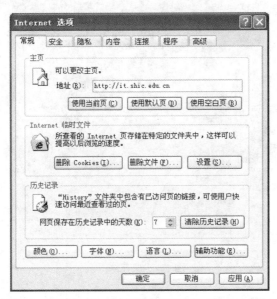

图 7-9 "Internet 选项"对话框

也可以通过单击"使用当前页"按钮将 IE 浏览器当前打开的页面设置为主页；或单击"使用默认页"按钮将系统默认的 http://www.microsoft.com/设置为主页；单击"使用空白页"按钮则不给 IE 设置任何 URL 作为主页。

2. 清除临时文件

IE 在访问网站时都会把数据先下载到 IE 缓冲区（Internet Temporary Files）中，时间一长，在硬盘上会留下很多临时文件，我们可以通过单击"Internet 选项"对话框中"常规"选项卡下的"Internet 临时文件"区域中的"删除 Cookies"和"删除文件"按钮来进行清理，如图 7-9 所示。通过删除 Cookies，还可以防止隐私被人窥视。同时，也可以通过设置对临时文件进行自由管理。

3. 清除历史记录

Windows 是一个智能化的操作系统，它的出现使得许多不具备计算机专业知识的用户也能够轻松地操纵计算机。但是，Windows 有时也会"自作聪明"，将用户操作的过程记录下来，如用户使用 IE 浏览过的网站都会被记录在 IE 的历史记录中。这样，其他用户只要单击工具栏上的"历史"按钮即可看到我们的上网浏览记录。解决的方法是：单击"Internet 选项"对话框"常规"选项卡的"历史记录"区域中的"清除历史记录"按钮来快速清除 Windows 系统记录的所有网站浏览记录。另外，如果把"网页保存在历史记录中的天数"设置成 0，如图 7-10 所示，那么 IE 就再也不会自动记录我们的行踪了。

图 7-10　IE 删除历史记录

4. 安全设置

现在通过网站获取资料、收发电子邮件已成为人们日常生活中不可缺少的部分。但是，网络中众多的木马、黑客使得我们防不胜防。不过，如果通过"Internet 选项"对话框"安全"选项卡中的相应设置来自定义诸如 ActiveX、JavaScript 等选项，则能够在很大程度上提升网络应用的安全等级，如图 7-11 所示。当然，如果想得到更加专业的服务，可以使用专业的杀毒软件和安全软件。

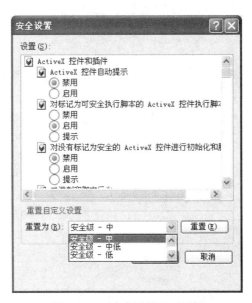

图 7-11　"安全设置"对话框

7.2　Outlook Express 软件的使用

7.2.1　电子邮件

电子邮件是 Internet 最重要的应用之一。

电子邮件（Electronic Mail，E-Mail）实际上就是利用计算机网络的通信功能实现信件传输的一种技术。E-Mail 实现了信件收、发、读、写的全部电子化。它具有以下特点：

- 可以用计算机方便地书写、编辑或处理信件。
- 通过 Internet 可以方便地与世界各地的组织或个人通信。
- 信件传递快速准确，而且不受时间、天气的影响。
- 信件的收发、管理比较简单，效率高。

1. 电子邮件的地址

电子邮件地址采用了基于 DNS 的分层命名方法，其结构如下：

用户名（在主机上的登录名）@（读作 at，表示"在"的意思）相应邮件服务器的域名

例如 wqiang123@tom.com 是一个用户名为 wqiang123、在 tom 公司申请的电子邮件地址。

2. 免费电子邮箱的申请

尚无电子邮箱的同学首先需要申请一个免费的电子邮箱。很多网站都提供免费电子邮箱服务，如网易的 163 邮箱和 126 邮箱、Google 的 Gmail 邮箱、Microsoft 的 Hotmail 邮箱，以及新浪和搜狐的免费邮箱等，可以到相应的网站主页上进行申请。例如，可以在 IE 地址栏中输入 http://mail.163.com/，打开 163 网站的免费电子邮箱页面，如图 7-12 所示，单击"注册"按钮，按照注册向导的要求操作即可注册一个新的电子邮箱地址。

图 7-12　163 免费电子邮箱页面

7.2.2　用 Outlook Express 收发电子邮件

（1）启动 Outlook Express。

Outlook Express 是 Microsoft 公司随 Windows 系统提供给用户的一个电子邮件处理软件，其界面如图 7-13 所示。

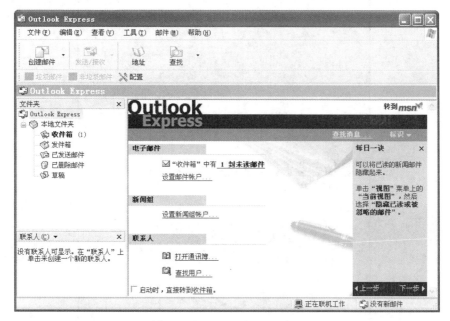

图 7-13　Outlook Express 窗口

（2）将自己的 Email 地址添加到 Internet 账户列表中。

选择"工具"→"账户"命令，弹出"Internet 账户"对话框，再单击"添加"按钮选择"邮件"，打开"Internet 连接向导"界面，依次输入自己希望的显示名、Email 地址、接收服务器域名、发送服务器域名、账户名和密码等内容。若 Email 地址为 shic@163.com，可在"您的姓名"文本框中输入 shic；在"电子邮件地址"文本框中输入 shic@163.com，如图 7-14 所示；在"电子邮件服务器名"对话框中，分别在"接收邮件件（POP3，IMAP 或 HTTP）服务器"文本框中输入 pop.163.com，在"发送邮件服务器"文本框中输入 smtp.163.com，如图 7-15 所示（服务器地址可在所使用的电子邮箱网站查询）；然后在"Internet Mail 登录"对话框中添加账户名 shic 和该邮箱的密码即可完成账户的添加。

（3）撰写和发送邮件。单击"创建邮件"按钮，打开"新邮件"窗口，在"收件人"和"抄送"文本框中输入收件人的 E-mail 地址，若希望同时发送到多个邮箱地址，则地址之间用逗号或分号隔开；在"主题"文本框中输入邮件的标题；在文本编辑区中输入邮件的具体内容；最后单击"发送"按钮。

若希望在邮件中添加附件，则单击"附件"按钮，弹出"插入附件"对话框，可将各种类型的文件（如文本、图片、声音、压缩文件等）作为该邮件的附件传送给收件人。

（4）阅读、回复或转发邮件。启动 Outlook Express 或单击"发送和接收"按钮时都会检查是否有新邮件到达，一旦检测到就将它们放置到"收件箱"文件夹中。未阅读的邮件有一个未拆封的信封 ⊠ 图标，已经阅读的邮件图标为打开的信封 ✉ 图标。

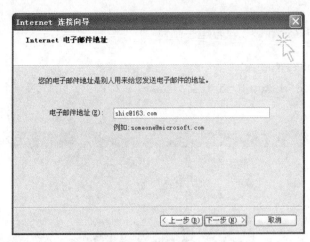

图 7-14　设置电子邮件地址

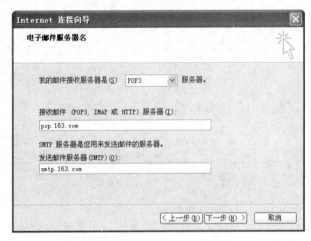

图 7-15　设置邮件服务器地址

（5）回复邮件。选中要回复的邮件，单击"答复"按钮，打开回复邮件窗口。此时不需要输入"收件人"和"主题"，只需在编辑区中直接输入回复邮件的内容即可。

7.3　搜索引擎

在这个信息爆炸的时代，Internet 改变了我们的学习方式：目的明确地去学习，然后有目的地去寻找答案，这种方式更能适应当今的信息社会。Internet 为我们提供了包罗万象的信息库，以供随时抽取各种目标信息，此时我们还需要一个强大的信息检索工具，以便高效率地从信息库中提取信息，搜索引擎正是我们寻找光明之火的工具。

搜索引擎实际上是专门提供信息检索功能的服务器，具有庞大的数据库，通过访问这些数据库，利用关键字查找信息。

这里以大家常用的搜索引擎 google 为例来介绍搜索引擎的使用方法。

1．打开搜索引擎

打开浏览器，在"地址"栏中输入 Google 网站的域名www.google.cn或www.g.cn，然后按回车键，即可看到网站的主页，如图 7-16 所示。

图 7-16　Google 首页

2．输入查询关键字

Google 查询简洁方便，仅需输入查询内容并按回车键或单击"Google 搜索"按钮即可得到相关资料。例如要查找信息技术系有关的网站，可以直接在搜索输入框中键入"信息技术系"，按回车键后很快会得到搜索结果，如图 7-17 所示。

图 7-17　基本搜索

3．查看搜索结果

搜索的结果列举出和关键字有关的网站、网页的超链接，鼠标指向超链接并单击即可打开搜索到的网页。